U0159011

城市保供电
管理与技术

南方电网深圳供电局有限公司　组编

中国电力出版社
CHINA ELECTRIC POWER PRESS

内 容 提 要

本书共 2 篇 14 章。管理篇包括城市保供电概述、准备阶段、实施阶段、总结阶段及市场化模式运作；技术篇包括供电电源设计、应急电源配置、供电设备选型、防雷与接地、临时工程建设、重要场所供电风险评估、应急演练与大负荷测试、应急值守与智能监测、重要场馆电气设计。

本书可供电力管理部门、电力企业、重要用户、重大活动承办方管理者及技术人员参阅，也可供电力技术人员参考学习。

图书在版编目（CIP）数据

城市保供电管理与技术 / 南方电网深圳供电局有限公司组编．—北京：中国电力出版社，2023.11
ISBN 978-7-5198-8234-1

Ⅰ.①城… Ⅱ.①南… Ⅲ.①城市—供电管理 Ⅳ.① TM727.2

中国国家版本馆 CIP 数据核字（2023）第 201845 号

出版发行：中国电力出版社
地　　址：北京市东城区北京站西街 19 号（邮政编码 100005）
网　　址：http://www.cepp.sgcc.com.cn
责任编辑：匡　野
责任校对：黄　蓓　王海南
装帧设计：赵丽媛
责任印制：石　雷

印　　刷：三河市航远印刷有限公司
版　　次：2023 年 11 月第一版
印　　次：2023 年 11 月北京第一次印刷
开　　本：787 毫米 ×1092 毫米　16 开本
印　　张：13.25
字　　数：233 千字
定　　价：98.00 元

编委会

前　言

随着我国经济的快速发展，城市的建设在整个国民经济中的作用和地位非常重要。电力是城市运行的重要生命线，它的发展直接影响着城市高质量发展、重要活动顺利举办、党政军机构正常运转。只有做好城市保供电，才有可能促进城市的高质量发展。

城市保供电面临的形势是重大活动多，涉及的部门多，涵盖的内容杂，专业技术性强，政府、供电企业和用户在面对重要机构、重要活动场所保供电时面临的挑战非常大。近年来，南方电网深圳供电局积极探索，总结经验，形成标准，推动实践，圆满完成深圳经济特区建立40周年庆典活动、中央电视台春节联欢晚会深圳分会场、中国共产党与世界政党领导人峰会分会场等特级保供电任务，积累了丰富的技术与现场管理经验。

本书在全面总结深圳供电局城市保供电成果经验的基础上，从管理、技术及案例方面系统总结，为城市保供电提供参考和借鉴。全书共2篇14章。管理篇内容为：城市保供电概述、准备阶段、实施阶段、总结阶段及市场化模式运作；技术篇内容为：供电电源设计、应急电源配置、供电设备选型、防雷与接地、临时工程建设、重要场所供电风险评估、应急演练与大负荷测试、应急值守与智能监测、重要场馆电气设计。

管理篇主要介绍重大活动承办方、政府部门、供电企业、电力用户在保供电过程中的工作界面、职责要求及管理内容。第1章介绍城市保供电概述，包括意义和要求、级别划分、职责分工；第2章从工作组织、方案制定、用电检查、施工建设、验收调试及专项督查六个方面重点介绍准备阶段的工作要求；第3章从应急准备、应急演练和现场值守三个方面重点介绍实施阶段主要工作要求；第4章简述了工作总结、经验交流及表彰奖励方面的内容；第5章重点介绍智慧运维托管、临电共享、临时高品质供电等供电服务市场化运作模式，为其他城市开展类似业务提供参考。第2~4章的内容主要面向供电企业，第5章的内容主要面向重大活动承办方、电力用户。技术篇主要介绍深圳供电局保供电关键技术。第6章介绍主网、配网供电方案及典型场所主接线方式；第7章主要介绍应急电源的概念与分类、选择、配置典型方案及自备应急电源配置要求等相关技术内容，可指导供电企业、电力用户科学配置应急电源；第8章介绍重要场所高压设备、低压设备选型、继电保护配置等技术要求；第9章介绍重要场所及临时保供电场所防雷定义、措施和装置、接地要求等内容，保障在保供电过程中的安全；第10章介绍电缆敷设、设备安装以及临时工程的一些技术要求；第11章介绍重要场所供电风险评估方法、评估维度及评估工具；第12章介绍实施阶段应急预案编制、应急演练和大负荷测试的技术要求；第13章介绍差异化巡视、现场值守及信息报送的技术要求，以及智能台区监测技术和设备在应急值守中的创新和应用；第14章介绍了重要场馆的电气设计。

　　本书介绍了南方电网深圳供电局保供电管理创新和技术创新，相关内容可供电力管理部门、电力企业、重要用户、重大活动承办方管理者及技术人员参阅，也可供电力技术人员参考学习。

　　由于水平有限，书中难免出现错误和不妥之处，敬请读者批评指正。

编　者

2023 年 8 月

目 录

CONTENTS

上　篇
管理篇

　　城市保供电管理目的是确保重大活动期间电力系统安全稳定运行、重点用户供用电安全，杜绝造成严重社会影响的停电事件发生。

　　本篇重点介绍城市保供电管理的流程、要求及效果。首先，介绍城市保供电的概述和工作组织；其次，按照保供电时间顺序，重点介绍城市保供电准备阶段、实施阶段、总结阶段的管理流程和要求；最后，结合深圳实际，介绍市场化模式运作情况。

第 1 章
城市保供电概述

本章概述了城市保供电的意义和要求，介绍保供电级别划分、职责分工、相关法规及标准。

第一节　意义和要求

一　保供电目的

针对重大政治、经济、文化等活动，对重要活动场所落实各项供用电保障措施，确保重大活动期间输电、变电、配电设备设施安全运行，确保重大活动期间电力系统安全稳定运行，确保重点用户供用电安全，杜绝造成严重社会影响的停电事件发生。

二　保供电原则

城市保供电应当遵循超前部署、规范管理、各负其责、相互协作的工作原则，具体如下：

超前部署。及早入手，充分准备。针对保供电任务和对象提前制定工作方案，并组织落实各项措施，充分做好应对各类突发应急事件的准备工作。包括提前开展施工建设，布置保障措施；提前预判风险，拟定应急预案；提前训练应急值守队伍，熟练掌握应急处置流程；提前做好物资储备，明确调配流程。

规范管理。依照我国相关法律法规，加强制度依从性监督，做好重大活动供电安全保障工作。参考国标、行标和地方标准等规范，明确保供电各方职责和工作流程，对保供电过程进行监督和指导，做到有法可依，有章可循，规范、高效推进保供电各项任务落地。

各负其责。重大活动承办方、电力管理部门、派出机构、电力企业、重点用户等各方应根据自身职责，按照工作方案和各项规范的要求，及时落实工作职责。主要分电力企业外部职责和内部职责。外部职责包括政府、用户、主办方等相关方的工作职责，主要注重业务协调和安全责任划分。内部职责主要是电力企业内部各部门、各业务的工作职责，主要注重工作责任落实。

相互协作。统一领导，分级管理。实行行政主要领导负责制，统一指挥，分级分部门管理，局部利益服从全局利益。保供电涉及的部门（单位）应当加强沟通协调，形成合力，密切配合，统一领导，分工协作，共同做好供电安全保障工作。

三　相关法规及标准

1.相关法规

国家相关法律法规是组织开展保供电活动的主要管理依据，与保供电相关的主要法规见表1-1。

▼ 表1-1　　　　　　　　　　保供电相关的主要法规

法规名称	发布时间	发布单位
电力供应与使用条例	1996年4月17日	中华人民共和国国务院
供电营业规则	1996年10月8日	电力工业部
重大活动电力安全保障工作规定	2020年3月12日	国家能源局
关于加强重要电力用户供电电源及自备应急电源配置监督管理的意见	2018年10月17日	国家电监会

（1）《电力供应与使用条例》明确了电力供应企业和电力使用者以及与电力供应、使用有关的单位和个人在电力供应与使用的职责和要求。

（2）《供电营业规则》是《电力供应与使用条例》的进一步细化，供电和用电指标，促进了供电营业秩序的监理，保障了供用双方的合法权益。

（3）《供电营业规则》主要为加强供电营业管理，建立正常的供电营业秩序，保障供用双方的合法权益。

（4）《重大活动电力安全保障工作规定》规定了重大活动承办方、电力管理部门、派出机构、电力企业（含经营配电网的企业）、重点用户重大活动电力安全保障工作重大职责和要求。

（5）《关于加强重要电力用户供电电源及自备应急电源配置监督管理的意见》明确了重要电力用户范围和管理职能，提出配置、适用供电电源和自备应急电源的要求，加强了重要电力用户供电电源及自备应急电源配置监督管理，提高社会应对电力突发事件的应急能力。

2. 相关标准

设计规范、运行规范、技术规范等相关标准是保供电活动准备、实施的主要技术依据，与保供电相关的主要标准见表1-2。

▼ 表1-2　　　　　　　　　　　　保供电相关标准

标准名称	发布时间	发布单位
GB 50052—2009《供配电系统设计规范》	2009年11月11日	中华人民共和国住房城乡建设部；中华人民共和国国家质量监督检验检疫总局
GB/T 37136—2018《电力用户供配电设施运行维护规范》	2018年12月28日	国家市场监督管理总局；中国国家标准化管理委员会
GB 50054—2011《低压配电设计规范》	2011年7月26日	中华人民共和国住房和城乡建设部
GB 50617—2010《建筑电气照明装置施工与验收规范》	2010年8月18日	中华人民共和国住房和城乡建设部
重要电力用户供电电源及自备应急电源配置技术规范	2018年12月28日	国家市场监督管理总局中国国家标准化管理委员会

（1）《供配电系统设计规范》规定了供配电系统设计的基本技术要求，提出了不同负荷性质、用电容量、工程特点和地区供电条件下供配电系统设计标准，适用于新建、扩建和改建工程的用户端供配电系统的设计。

（2）《电力用户供配电设施运行维护规范》规定了电力用户供配电设施的巡视检查、试验检测、缺陷处理、更新改造、涉网管理等方面的运行维护要求，适应于10（6）kV及以上电压等级电力用户。

（3）《低压配电设计规范》用于低压配电设施，保障人身和财产安全、节约能源、技术先进、功能完善、经济合理、配电可靠和安装运行方便，适用于新建、改建和扩建工程中的交流、工频1000V及以下的低压配电设计。

（4）《建筑电气照明装置施工与验收规范》保证了电气照明装置施工质量，促进施工科学管理、技术进步，统一了电气照明装置施工的工程交接验收要求，适用于工业与民用建筑物、构筑物中电气照明装置安装工程的施工与工程交接验收。

（5）《重要电力用户供电电源及自备应急电源配置技术规范》规定了重要电力用户的界定和分级、供电电源和自备应急电源的配置原则和主要技术条件，适用于重要电力用户的供电电源及自备应急电源的配置。其他电力用户的供电电源和自备应急电源配置可参照执行。

第二节　级别划分

本节重点阐述了城市保供电任务、场所、负荷、时段的级别划分情况及其关系。

一　保障任务级别

根据保供电任务的重要程度和影响范围，保供电任务分为特级、一级、二级、三级四个等级。

1. 特级保供电任务

（1）国家承办、举办特别重大的政治、经济、文化等活动，需要政府协调解决电力供应保障或支援的事件。如：国际性的特别重大活动（如会议、演出等）、党和国家领导人参加的特别重要活动、特别重要的外事接待任务等。

（2）国家处置特别重大突发事件，需要政府协调解决电力供应保障或支援的事件。

（3）政府下达的特别重大保供电任务。

（4）政府确定的特别重大保电事件。

2. 一级保供电任务

（1）国家承办、举办的重要政治、经济、文化等活动，需要政府协调解决电力供应保障或支援的事件。如：党和国家领导人参加的重要活动等。

（2）省委省政府处置重大突发事件，需要政府协调解决电力供应保障或支援的事件。

（3）全国高考时期的保供电。

（4）政府确定的重大保电事件。

3. 二级保供电任务

（1）政府举办的比较重要政治、经济、文化等活动，需要政府协调解决电力供应保障或支援的事件。

（2）市政府处置突发事件，需要政府协调解决电力供应保障或支援的事件。

（3）全国性的主要法定节假日（元旦、春节、国际劳动节、国庆节以及清明节、端午节、中秋节等），中考、春运等时期的保供电。

（4）政府确定的较大保电事件。

4. 三级保供电任务

（1）区、县政府举办的重要政治、经济、文化等活动，需要政府协调解决电力供应保障或支援的事件。

（2）区、县政府处置突发事件，需要政府协调解决电力供应保障或支援的事件。

（3）政府确定的一般保电事件。

二　保障场所级别

根据在保供电活动中所承担任务的重要程度和停电影响大小，保障场所级别分为特级、一级、二级和其他。

特级保电重要场所： 一般指国家承办、举办特别重大的政治、经济、文化等活动的场所，需要政府协调解决电力供应保障或支援的事件场所。如国际性的特别重大活动（如会议、演出等）、党和国家领导人参加的特别重要活动、特别重要的外事接待任务等场所。

一级保电重要场所： 国家承办、举办的重要政治、经济、文化等活动的场所。例如重要的会议举办酒店、高考考场等场所。

二级保电重要场所： 国家承办、举办的政治、经济、文化等活动的场所。例如记者招待会会场等场所。

其他场所： 是指专项行动特别重大活动涉及的其他场所，较重大活动的主场馆等。

三　保障负荷级别

按照中断供电对活动正常进行的影响程度，将电力用户内部用电负荷划分为一级、二级和三级。保供电任务主要采用按中断影响程度分类。

一级负荷： 指中断供电将直接影响活动正常进行，造成重大政治、社会影响或经济损失，导致活动场所秩序严重混乱以及活动中必须连续供电的用电负荷。在一级负荷中，特别重要场所的不允许中断供电的负荷，应视为一级负荷中特别重要的负荷。如：特级保电场所话筒、音响，应急照明，安防设备，数据中心，电视直播电源等。

二级负荷： 指中断供电将直接影响活动正常进行，造成重大政治、社会影响或经济损失，导致活动场所秩序严重混乱以及活动中允许短时间停电的用电负荷。如保电会场主照明等。

三级负荷：不属于一级负荷和二级负荷的其他负荷。

（四） 保障时段

根据在专项行动中某一场所活动该时段的重要程度，保电时段分为核心、重要、一般。

核心保电时段：是指专项行动特别重大活动中开幕式、闭幕式等标志性会议的时段，有国家元首、党和国家领导人参加的活动时段。

重要保电时段：是指国家元首、党和国家领导人住宿时段，国家元首夫人与部长参加的活动时段，记者招待会等。

一般保电时段：是指专项行动特别重大活动涉及的其他时段，较重大活动的开幕式、闭幕式等标志性会议的时段等。

不同等级的保障任务与保障场所、保障负荷、保障时段的相互关系如表1-3所示。

▼ 表1-3　　　不同等级的保障任务与保障场所、保障负荷、保障时段相互关系表

类别		保障任务			
		特级	一级	二级	三级
保障场所	一级	√	√		
	二级	√	√	√	
	其他	√	√	√	√
保障负荷	一级	√	√		
	二级	√	√	√	
	三级	√	√	√	√
保障时段	核心	√	√		
	重要	√	√	√	
	一般	√	√	√	√

（五） 保供电阶段划分

重大活动电力安全保障工作分为准备、实施、总结三个阶段：

准备阶段：主要包括保障工作组织机构建立、保障工作方案制定、安全评估和隐患治理、网络安全保障、电力设施安全保卫和反恐怖防范、配套电力工程建设和用电设施改造、合理调整电力设备检修计划、应急准备，以及检查、督查等工作。

实施阶段：提高政治敏锐性，密切关注安全生产及保供电工作情况，加强做好停电、网络安全、新闻舆情等突发事件监测。主要包括落实保障工作方案、人员到岗到位、重要电力设施及用电设施、关键信息基础设施的巡视检查和现场保障、突发事件应急处置、信息报告、值班值守等工作。

总结阶段：保供电结束后，由保供电领导小组办公室组织各专项工作组进行系统总结，总结保供电成功经验与不足，并上报上一级主管部门备案。总结内容包括：保供电任务完成情况、对方案的评价、主要经验和教训、改进措施和建议等。对保供电工作成绩突出的单位和个人进行表彰。

第三节 职责分工

根据《重大活动电力安全保障工作规定》（国能发安全〔2020〕18号），概述了活动承办方、政府部门、电力企业、用户在重大活动电力安全保障工作的关系及职责分工。

一 管理体系

保供电管理体系由活动承办方、政府、电网、用户协同合作共同构建。其中，政府发挥主导作用，用户发挥核心主体作用，电网企业发挥主动作用，如图1-1所示。

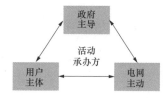

图1-1 政府、电网、用户三方协同合作示意图

二 活动承办方

重大活动承办方对电力安全保障工作的协作事项包括：

（1）及时向电力管理部门、派出机构、电力企业、重点用户通知重大活动时间、地点、内容等；

（2）协调电力企业和重点用户落实电力安全保障任务，做好供用电衔接，支持配套电力工程建设；

（3）支持、配合保电督查检查。

三 电力企业

在重大活动电力安全保障工作中，电力企业的相关职责具体如下：

（1）贯彻落实各级政府和有关部门关于重大活动电力安全保障工作的决策部署。

（2）提出本单位重大活动电力安全保障工作的目标和要求，制定本单位保工作方案并组织实施。

（3）开展安全评估和隐患治理、网络安全保障、电力设施安全保卫和反恐怖防范等工作。

（4）建立重大活动电力安全保障应急体系和应急机制，制定完善应急预案，开展应急培训和演练，及时处置电力突发事件。

（5）协助重点用户开展用电安全检查，指导重点用户进行隐患整改，开展重点用户供电服务工作。

（6）及时向重大活动承办方、电力管理部门、派出机构报送电力安全保障工作情况。

（7）加强涉及重点用户的发、输、变、配电设施运行维护，保障重点用户可靠供电。

1. 安全监管专业

（1）安监部门是保供电工作的归口管理部门，履行保供电综合协调职责。

（2）组织开展保供电策划及实施管理，提请确定保供电级别，明确任务重点，落实工作责任。

（3）组织开展保供电安全风险分析及评估，督促完成安全隐患的排查与治理，组织相关专业编制应急预案。

（4）组织开展保供电期间的应急值班工作，督促各专业组织做好保供电现场值守，协调开展突发事件的应急处置工作。

2. 综合管理专业

（1）负责与公安、武警、市政府值班室等政府相关部门的沟通协调，开展重要场所安全保卫工作。

（2）负责保供电期间信访维稳、安保防恐、消防、交通、保密以及后勤保障等工作。

3. 财务管理专业

（1）负责保供电相关资金的计划与落实。

（2）负责落实保供电实施过程项目的资金保障。

4. 规划管理专业

（1）负责将优化电网结构，提高重要保供电场所供电可靠性工作纳入电网规划。

（2）负责审批、下达保供电相关项目的投资计划。

5. 主网专业

（1）负责主网保供电设备的保供电管理工作，制定保供电设备运维检修工作计划并组织实施。

（2）开展主网保供电设备管控分级，审核确认主网保供电设备清册。

（3）开展主网保供电设备状态评价与风险评估，组织制定重大活动保供电期间特级保供电设备的一站一册、一线一册，做好保供电相关修理和技术改造工作。

（4）开展主网保供电相关生产场所及设备运行值守和特巡特维，防控电网及设备重大风险。

（5）组织主网应急抢修协作队伍开展保供电工作。

6. 配网专业

（1）负责配网生产场所及设备的保供电管理工作，制定保供电设备运维检修工作计划并组织实施。

（2）组织开展配网保供电设备管控分级，审核确认配网保供电设备清册。

（3）组织开展配网保供电设备状态评价与风险评估，做好保供电相关修理和技术改造工作，组织配网应急抢修协作队伍开展保供电工作并落实项目结算。

（4）组织开展配网保供电相关生产场所及配网设备运行值守和特巡特维。重大活动保供电期间（如特级、一级以及用户需求情况下），按照需要牵头组织各供电局开展保供电场所联合值守工作。

（5）重大活动保供电（如特级、一级以及用户需求情况下）期间为客户提供必要的技术支持和装备保障服务。配合市场营销部门审核保电期间保供电场所的一户一册，组织各供电局编制重要保供电场所的供用电网络图。

7. 营销管理专业

（1）负责保供电期间组织客户服务单位、各供电局做好与用户的沟通协调，审核确认保供电用户清单和用户侧信息，组织函复政府部门等相关用户的保供电需求。组织参加保供电外部会议，必要时协调相关专业部门和对应供电局一并参加。

（2）负责组织客户服务单位、各供电局按照"政府主导、电网主动、用户主体"原则与重要场所的相关用户签订《重大活动保供电协议》，明晰电力保障责任界限。若无法推动相关方完成签订，保存相关工作记录备查，并同步派发《用户自有产权设备运行维护提醒通知》。

（3）组织各供电局向用户提供用电安全检查服务，督促、指导用户做好受电设备安全运维和排查，督促按期完成隐患整改，牵头并会同配网设备管理部门审核保电期间保供电场所的一户一册，协助用户审查用户保供电方案，督促、协助用户编制完善用户侧停电应急预案。

（4）组织客户服务单位、各供电局做好保供电期间的客户服务应急人员值班预安排，做好重要场所附近区域停电事件的重点监控，做好突发事件客户服务应急工作，及时发布停电信息。

8. 工程管理专业

（1）负责组织保供电有关基建工程建设项目按期投产。

（2）负责保供电期间在建基建工程施工现场的安全管理及应急处置工作。

9. 信息管理专业

（1）负责保供电期间网络安全管理工作，制定网络安全防护策略。

（2）组织开展信息安全风险评估、信息安全巡检、整改加固、网络与信息系统安全升级改造工作。

（3）组织开展网络安全监控值守，处置保供电期间的网络安全事件。

10. 供应链专业

（1）负责按照保供电要求，组织有关设备物资的采购、储备及调配。

（2）负责组织与供应商签订设备及物资储备供应协议及技术服务协议。

11. 调度运行专业

（1）负责编制保供电系统运行方案，编制电网应急处置预案，合理安排电网运行方式保证电网运行安全。

（2）根据保供电系统运行方式，梳理保供电变电站及设备清单。

（3）负责统筹落实保供电二次设备相关定值校核、对应装置运维组织工作。

（4）负责编制保供电主配网设备的网络图，落实对应系统展示，提供最新的深圳电网接线图。

（5）负责电力监控系统网络安全防护工作。

（6）协调督促并网发电企业落实保供电措施。

12. 党建及其他专业

（1）负责保供电期间新闻宣传及舆情监控。

（2）组织开展保电期间突发事件新闻应急处置。

13. 保供电领导小组

（1）下达保供电指令和任务，指挥协调保供电工作。

（2）审核批准保供电工作方案，按照上级单位与政府要求落实保供电工作任务。

（3）决定和处理有关保供电工作中的重大事项，组织指挥处置保供电期间的重大突发事件。

14. 保供电领导小组办公室

（1）负责协调处理保供电相关日常管理工作。

（2）组织制定公司保供电工作方案并组织实施，指导各单位开展保供电工作方案编制与实施工作。

（3）收集汇总保供电工作信息，编制保供电工作简报，定期向保供电领导小组汇报工作情况，对保供电工作中的重大事项和突发事件提出处理意见和建议。

（4）协调保供电各专项工作组的工作，组织检查保供电工作的实施情况。

（5）组织编制保供电工作总结，开展保供电工作评价及表彰。

15. 保供电专项工作组

（1）组织制定保供电专项工作方案，协调督促保供电专项工作任务的落实。

（2）收集汇总保供电专项工作信息，并及时提交保供电领导小组办公室。

（3）组织编制本专业保供电工作总结，开展本专业保供电工作评价及表彰。

16. 各基层单位

（1）各生产单位组织承接制定公司重大活动保供电工作方案，组织落实各项现场保供电措施。

（2）各单位按照职责承接做好保供电期间的各项工作，收集汇总保供电实施过程需要公司层面协调的问题，并及时提交保供电领导小组办公室、各专业部门协调解决。

（3）各供电局及时组织收集保供电用户信息和配网供电线路信息。

（四）　政府部门

1. 电力管理部门

（1）在重大活动电力安全保障工作中，电力管理部门的相关职责具体如下：

（2）贯彻落实重大活动电力安全保障工作的决策部署；

（3）建立重大活动电力安全保障管理机制，组织、指导、监督检查电力企业、重点用户电力安全保障工作；

（4）协调重大活动期间电网调度运行管理，协调重大活动承办方、政府有关部门解决电力安全保障工作相关重大问题；

（5）制定电力安全保障工作方案。

2. 派出机构

在重大活动电力安全保障工作中，派出机构的相关职责具体如下：

（1）贯彻落实重大活动电力安全保障工作的决策部署；

（2）监督检查相关电力企业开展重大活动电力安全保障工作；

（3）建立重大活动电力安全保障网源协调机制；

（4）制定电力安全保障监管工作方案。

（五）　用户

在重大活动电力安全保障工作中，用户的相关职责具体如下：

（1）贯彻落实各级政府和有关部门关于重大活动电力安全保障工作的决策部署，配合开展督查检查；

（2）制定执行重大活动用电安全管理制度，制定电力安全保障工作方案并组织实施；

（3）及时开展用电安全检查和安全评估，对用电设施安全隐患进行排查治理并进行必要的用电设施改造；

（4）结合重大活动情况，确定重要负荷范围，提前配置满足重要负荷需求的不间断电源和应急发电设备，保障不间断电源完好可靠；

（5）建立重大活动电力安全保障应急机制，制定停电事件应急预案，开展应急培训和演练，及时处置涉及用电安全的突发事件；

（6）及时向重大活动承办方、电力管理部门报告电力安全保障工作中出现的重大问题。

第 2 章
准备阶段

本章重点介绍前期准备阶段的相关管理要求，包括工作组织、方案制定、用电检查、施工建设、验收调试及专项督查。

第一节 工作组织

一 组织方案

（一）总体方案

针对不同级别保供电，根据需求编制总体方案。

方案分为工作目标、保供电级别及时间安排、组织机构、范围、工作计划如图 2-1。

图 2-1 编制方案

1. 工作目标

按照政府及上级组织有关保供电工作要求，认真落实保供电工作部署，优化安排电网运行方式，做好设备运维、客户优质服务、电力信息网络安全、基建安全、电力设施安全保卫及应急装备物资保障等工作，确保供电期间电网安全稳定运行、相关保供电场所和重要客户可靠供电，实现保电范围"设备零事故、客户零闪动、工作零差错、服务零投诉"，为保供电期间营造和谐稳定的社会环境。

2. 保供电级别及时间安排

保电级别分为特级、一级、二级、三级四个等级，具体级别根据《保供电管理规定》相关要求以及根据保电任务的重要程度和影响范围来确定，依据实际情况，按照准备阶段、实施阶段、总结阶段合理安排时间。

3.组织机构

组织机构分为保供电领导小组、保供电领导小组办公室、专项工作组，如图 2-2 所示。

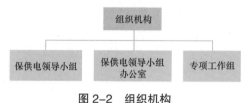

图 2-2　组织机构

（1）保供电领导小组。负责审核并下达保供电指令和任务；负责保供电工作的组织、指挥和协调，决定和处理有关保供电工作的重大问题，组织落实有关资源；监督保供电工作的实施，组织指挥处理重大突发事件。

（2）保供电领导小组办公室。贯彻落实领导小组各项工作部署和要求，负责保供电工作总体协调和日常管理；编制保供电工作方案，协调保供电各专项工作组的工作，组织检查保供电工作的实施情况；收集汇总保供电工作信息，定期向保供电领导小组汇报工作情况；对保供电工作中的重大问题和突发事件提出处理意见和建议。

（3）专项工作组。专项工作组分为电网安全工作组、主网设备安全工作组、配网设备安全及供电保障服务工作组、网络安全及运行保障工作组、基建安全工作组，具体如图 2-3 所示。

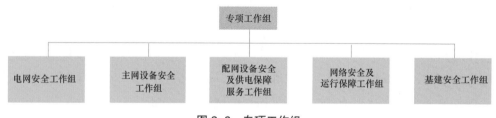

图 2-3　专项工作组

1）电网安全工作组。负责保供电期间电网运行风险分析、负荷预测、运行方式安排、综合停电管理、完善三道防线、电力安全防护（网络安全）等工作，科学调度，确保电网安全稳定运行。负责组织编制专项工作方案、事故处理预案，收集、统计保供电期间电网运行情况。

2）主网设备安全工作组。组织落实主网重要设备运行维护、检查消缺和修理改造工作。根据保供电需求，组织协调备品备件、应急物资的供应保障。负责编制专项工作方案，收集、统计保供电期间供电设备运行情况。

3）配网设备安全及供电保障服务工作组。组织落实有序用电安排，负责保供电期间相关场所和重要用户的可靠供电，提供优质服务并协调监督用户安全用电；负责组织编制专项工作方案，收集、统计保供电期间重要保供电场所用电情况。

4）网络安全及运行保障工作组。组织、部署和落实公司网络与信息安全保障工作，协调处理信息安全事件。

5）基建安全工作组。做好保供电期间基建重点在建项目及农网改造升级工程的安全管理工作。根据保供电需求，组织协调备品备件、应急物资的供应保障。负责编制专项工作方案，收集、统计保供电期间基建现场安全管理工作情况。

4. 保供电范围

保供电场所对应的供电设备和线路。

5. 工作计划

保供电总体方案工作计划一般按照准备阶段、实施阶段、总结阶段进行编制。

（二）专项方案

为了支撑总体方案的实施，根据需求编制专项工作方案。

1. 组成

专项方案一般由 6 个专项工作方案组成，具体包括：电网安全专项工作方案、主网设备安全专项工作方案、配网设备安全及供电保障服务专项工作方案、网络安全及运行保障专项工作方案、基建安全专项工作方案、应急准备及安全监督专项工作方案。

2. 内容

专项工作方案的内容一般包括工作职责、工作计划、工作要求等三方面内容。具体工作职责和目的，见表 2-1。

▼ 表 2-1　　　　　　专项方案的职责及对应的牵头部门

序号	方案名称	职责／目的
1	电网安全专项工作方案	负责保供电期间电网运行风险分析、负荷预测、运行方式安排、综合停电管理、完善三道防线等工作，科学调度，确保电网安全稳定运行。负责编制专项工作方案、事故处理预案，收集、统计保供电期间电网运行情况

续表

序号	方案名称	职责 / 目的
2	主网设备安全专项工作方案	组建设备安全工作组,组织落实主网重要设备运行维护、检查消缺和修理改造工作。根据保供电需求,组织协调备品备件、应急物资的供应保障。负责编制专项工作方案,收集、统计保供电期间供电设备运行情况
3	配网设备安全及供电保障服务专项工作方案	组织落实有序用电安排,负责保供电期间相关场所和重要用户的可靠供电,提供优质服务并协调监督用户安全用电;负责组织编制专项工作方案,收集、统计保供电期间重要保供电场所用电情况
4	网络安全及运行保障专项工作方案	组织制定实施方案,逐项落实保障具体工作内容,督促各部门落实网络安全保障工作,与上级主管部门及公司各部门保持联系与沟通,并协调处理公司的网络安全事件
5	基建安全专项工作方案	负责做好保供电期间重点在建基建项目的安全管理工作。根据保供电需求,组织协调备品备件、应急物资的供应保障。负责组织编制专项工作方案,收集、统计保供电期间基建现场安全管理工作情况
6	应急准备及安全监督专项工作方案	负责组织做好保供电各项应急准备工作。加强气象监测,提前做好恶劣天气预警发布及响应启动的准备,以及各项应急准备工作。组织开展各阶段保供电安全大检查。组织开展作业现场及电力设备、设施安全风险管控监督工作。收集、统计保供电期间应急队伍、应急资源(发电车、发电机)等情况

3. 工作计划

专项方案工作计划一般按照准备阶段、实施阶段、总结阶段进行编制。

二 组织要求

(一)电网运行

保电期间无涉及电网风险的保供电设备计划停电工作安排。

(1)加强负荷预测,落实电力电量平衡措施,优化资源配置,"快速、灵活、科学"调度,合理确定电网运行方式,留足留好系统备用,10kV 来自不同 500kV 站,220kV 形成环网供电,确保电网安全稳定运行。

(2)严密监控保供电场所所在片网的运行状态,特别要加强重载设备、线路及断面的监视与调控。

(3)保供电期间原则上不安排保供电片区非必要的或造成系统运行较大风险的停电工作,做好有关配网停电计划管控,坚决杜绝恶性误操作和大面积停电事故事件,全力确保电网安全稳定运行和全市可靠供电。

（二）自动化电力防护

为保障保供电期间电力监控系统网络与信息安全可靠稳定运行，防范黑客、病毒、恶意代码等对电力监控系统的攻击和破坏，杜绝网络信息安全事件的发生，防止电力通信网络堵塞或瘫痪、监控系统失灵、监控系统误调误控，引起电力事故，引发大面积停电等事故事件发生，制定相应系统网络安全防护工作预案。

（三）通信系统运行

保供电期间确保所属变电站生产实时业务通道不中断，确保不因通信原因迫使线路或机组停运，确保电网所有设备有保护运行，确保安稳通道不中断。当通信网络发生故障时，通信调度要第一时间发现故障，灵活调整路由，快速恢复业务；信息报送渠道顺畅、信息及时、准确；应急通信物资、车辆、人员、工器具等具备随时抢修条件。

第二节　方案制定

在广场或公园举办的大型活动，场地原有供电设备无法满足活动用电需要，需新建设备时，应按照根据用电需求，制定保电方案。

一　现场勘测

活动用电需求确定后，须进行现场勘测。为提高效率，需要局内人员、设计人员、施工人员、活动用电方及活动场地管理方共同参与。应首先向活动用电方了解活动用电设备放置区域，再确定低压动力柜具体摆放位置，需活动用电方提供最终版的场地示意图，图上应包含低压动力柜具体摆放位置。然后根据负荷和动力柜位置进行电源点的选取，或者新建高压设备的选址。现重点讨论新建设备，如箱式变压器的选址。

对现场勘测按照《供配电系统设计规范》（GB 50052—2009）、《城市地下管线探测技术规范》（CJJ 61—2017）等规范的要求，选点首先遵循设计规范原则，然后实现距离近、可靠性高的设计要求。同时应遵循以下原则：

（1）合理选择 10kV 电源接火点，箱式变压器接近负荷中心。10kV 电源应优先考虑公用设备或线路，箱式变压器建议采用破口接入，环网供电。箱式变压器应接近负荷中心或低压动力柜位置，尽量减少低压供电半径。当 10kV 电源点与负荷中心相距较远时，优先考虑将箱式变压器位置设置在靠负荷中心区域。

（2）征得场地管理方用地许可，全面进行地下管线勘测。箱式变压器安装位置需征得场地管理方用地许可。经场地管理方同意后，开展全面的地下管线勘测，包括燃气、水务、通信等管线的位置。若存在地下管线，评估管线改迁难度及成本。如需改迁，请场地管理方协助协调各涉及单位，办理改迁手续。

（3）场地空旷、平整，方便设备运输。场地需空旷、平整，可承受大型机械碾压。应充分考虑箱式变压器等设备安装时，设备、工具运输通道。

（4）电缆路径通畅，减少绿化破坏。大型活动低压电缆的数量较多，低压电缆的进出线通道比较密集，应合理选择低压出线口位置和朝向，在保证方便进出线敷设的同时，尽量减少对绿化、树木的损坏。

二 用电需求采集

目前，常见的保供电工作主要分为两类：一是在原有场馆或政府机构举办的大型活动或重要会议。比如，高交会、中国质量大会、两会、高考等；二是在户外场地举办大型活动。如央视春晚深圳分会场、改革开放再出发晚会等。下面根据这两种不同的保供电场景，分别介绍用电需求采集的内容。

（一）场馆（室）内

场馆内的重要活动，主要由场馆本身供电设备供电，供电设备相对固定。若新增用电设备造成负荷过大，也需新增供电设备。

总体来看，具有以下特点：

（1）总体用电需求不大，但核心负荷极为重要。用电需求与平时无差别，但在局部，如会议室、礼堂等将是保供电的重中之重。例如，在会展中心每年一度召开的高交会、每年在市委大院和市民中心举办的两会等。

（2）场馆内应急电源只供应急设备，核心区域无应急电源。部分相关场馆建成时间较长，建设时在将应急设备（电梯、消防、应急照明）接入应急电源，未在核心区域布置应急电源。

（3）场馆高压侧可靠性较高。重要场馆多为双电源或多电源专线用户，高低压设置备自投功能，整体可靠性较高。

结合以上供电特点，对于此类保供电，需要举办方提供大型活动或重要会议的具体举办时间、核心区域用电负荷及应急电源配置等情况。根据以上情况编制《××重要活动（室内）保供电需求统计表》，见表 2-2。

▼ 表 2-2　　　　　　　　　　××重要活动（室内）保供电需求统计表

活动名称			举办时间	自___年___月___日___时 至___年___月___日___时		
活动地点						
应急电源需求	发电车□　UPS□ 其他（　　　）		备自投	中压□　低压□		
核心区域	核心位置	用电负荷（kW）		是否为双回路	可靠性要求	
签字确认	勘查人员（供电局）：			用户（活动承办方）：		
	联系电话：			联系电话：		
	勘查日期：			签收日期：		
其他需求						

（二）户外活动

户外大型活动多是在广场或者公园举办。这些区域因其场地面积大，可容纳观众多，所以用电负荷就大。但是广场或者公园因当初考虑其用途，以及受户外环境影响，原有供电设备具有以下特点。

（1）装备容量不大，设备可靠性不高。广场或公园的原有供电设备多为灯光照明或音响等，所以广场或公园的原有装备容量不大。由于多为箱式变压器供电，大多是取电自公共节点的末端变压器，且长期处于户外潮湿环境运行，存在设备锈蚀、老化或封堵不严等缺陷。

（2）箱式变压器安装离活动区域较远。广场或公园的原有供电设备，如箱式变压器、户外动力柜等，安装位置多为绿化带，距离活动场地较远，敷设低压电缆较长，甚至超过低压电缆的供电半径。因很多演出设备对电压质量要求较高，所以不宜采用原有箱式变压器。

综合评估，广场或公园的原有供电设备不宜做重要活动的供电设备。同时，在广场或公园等户外举办的活动，一般均为大型活动，所需用电负荷较大。需要新建临时高可靠性供电设备，满足活动用电需求。根据以上情况编制《××重要活动（户外）保供电需求统计表》，见表 2-3。

▼ 表 2-3　　　　　　　××重要活动（户外）保供电需求统计表

活动名称		举办时间	自＿＿年＿＿月＿＿日＿＿时
活动地点			至＿＿年＿＿月＿＿日＿＿时
应急电源需求	发电车□　UPS□ 其他（　　　）	备自投	中压□　低压□
活动（演出）负荷	用电分类	用电负荷（kW）	是否为双回路	可靠性要求
	负荷总计（kW）			
供电质量需求	是否安装漏电保护开关		电压质量要求	
	灯光与音响、视频是否可用同一台变压器		低压电缆零线截面是否须等于相线截面	
签字确认	勘查人员（供电局）：		用户（活动承办方）：	
	联系电话：		联系电话：	
	勘查日期：		签收日期：	
其他需求				

三 设计要求

按照《供配电系统设计规范》（GB 50052—2009）、《低压配电设计规范》（GB 50054—2011）、《南方电网标准设计和典型造价 V3.0（智能配电）》等设计规范，根据用户用电需求，结合现场勘测的具体情况，制定可靠、省时、省力、省料的设计方案。在设计时应充分考虑以下问题：

1. 中压设备

（1）10kV 采用双回路供电。若是末端专用设备，需保证公用电源节点可以转供。

（2）变压器宜采用两两互为备用。如安装的是箱式变压器，不可做低压柜备自投时，可在低压动力柜处设置备自投装置。

2. 低压设备

（1）低压动力柜若采用备自投装置，需将备自投设置为自投不自复；

（2）用户提出不使用漏电保护开关时，建议加装漏电保护报警装置。泄漏电流超过一定阈值只报警不跳闸，以便及时发现和排除该线路存在的隐患。

（3）所有低压系统采用三相五线制设计，低压电缆采用五芯电缆。承办方若对接地系统有其他要求，经技术评估后实施。

（4）对于户外低压动力柜，加强防风防倒固定措施的设计。如低压动力柜支撑采用梯形支架或在四角焊接外支撑角铁等方式。注意支架高度，为电缆穿线预留空间。

（5）户外设备，特别是低压动力柜需采用防雨设计，采用 IP44 级以上防护等级。

（6）户外带电设备外壳，均应根据实际摆放位置和现场环境条件，就近设置接地网或接地极等接地装置。

（7）为保证整体进度，缩短设备厂家供货时间，便于后期施工，建议低压动力柜外壳采用统一规格、尺寸和材料。

3. 应急电源

（1）充分考虑发电车摆放和接入点的位置；在设计阶段按需要考虑动力柜留有发电车接入点。

（2）对于重要负荷如转播车和音响若采用 UPS 供电，UPS 前端需采用来自两条不同 10kV 线路的电源供电，并使用 ATS 装置。考虑 UPS 容量及续航能力，UPS 额定续航能力不小于 30min。

4.其他要求

（1）设计中的预算应包含外委人员在活动期间值守和夜间看护设备值守的人工台班。

（2）可使用STS（固态切换开关）保障核心负荷不闪断。

（3）按照活动方提出的其他技术要求进行设计。

第三节　用电检查

活动场地内有大量用电设备，包括灯光、音响、大屏等，且布置分散，设备类型复杂。因演出设备要求不加装漏电保护，所以需严格对现场用电设备进行用电检查。按照供电公司重要保供电场所供电安全风险评估的相关指导要求进行检查，并出具整改通知书，并跟进整改情况。

一　检查分类

现场用电检查分为周期性检查和专项检查。周期检查，是指对不同类型客户按一定周期进行用电检查的过程。专项检查，是指根据保供电、季节性、经营性等检查任务以及客户用电异常情况，编制检查计划，确定检查时间，进行现场检查见图2-4。针对保供电活动的用电检查，属于专项检查。

图2-4　现场用电检查

保供电检查：根据上级保供电检查的通知，制定保供电检查并选定客户名单后针对特定场合或活动包括高考、中考期间的学校，各级政府组织的大型政治活动、大型集会庆祝、娱乐活动及其他专项工作安排的电力供应安全检查。

季节性检查：每年结合重要节日（如春节、劳动节、国庆节等）、季节特点（如大风、雷雨、汛期等）或保供电要求，所制定的电力供应检查。

其他专项检查：包括计量装置检查、节能用电检查等。

检查流程

专项检查流程如图 2-5 所示。

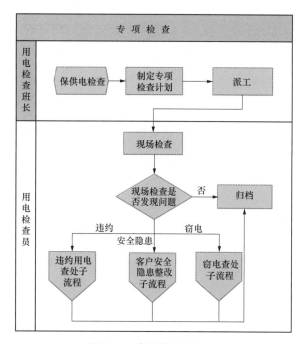

图 2-5 专项检查流程图

用户专项检查作业流程共包括专项检查计划、派工、现场检查、现场检查有无发现问题、归档 5 步，具体如下：

1. 制定专项检查计划

专项检查计划中应包含计划状态、计划制定日期、计划检查日期、计划完成日期、计划类型、计划数量、计划内容、制定人等。

2. 派工

由班长负责派工具体事宜，当接到检查任务时，应在电力营销系统中创建《用电检查工作记录单》，并根据检查任务安排用电检查人员开展检查工作。现场检查人员不得少于两人，并应指定经验较为丰富的，沟通能力较强的检查人员担任工作负责人，《用电检查工作记录单》及时处理签发。

3. 现场检查

现场检查的作业标准应做好以下注意事项：

首先，要提前电话联系客户，预约检查时间，落实客户方熟悉用电情况的电气工作负责人或电工随同配合检查；其次，进入客户的厂区应遵守客户出入厂区管理规定，向客户出示"用电检查证"，工作负责人向客户代表解释说明检查原因和内容。提前电话联系客户，预约检查时间，落实客户方熟悉用电情况的电气工作负责人或电工随同配合检查。

进入客户的厂区应遵守客户出入厂区管理规定。进行用电检查前向客户出示"用电检查证"，工作负责人向客户代表解释说明检查原因和内容。

4. 现场检查是否发现问题

现场检查时没有出现问题则填写好"用电检查工作记录单"，用电检查人员根据检查情况填写客户用电检查工作记录单，要求填写规范，准确，项目齐全。并请客户核对无误、无漏后双方签名确认即可。如果检查发现存在安全隐患则应该指导督促客户进行整改。

5. 归档

检查完成后用电检查人员应将检查情况汇总，并及时将发现的问题向上级领导汇报；对现场"用电检查工作记录单"的检查情况，及时录入营销信息管理系统。

三 检查重点

用电检查时还应重点关注以下几点：

1. 核查开关与电缆不匹配

我方配置的动力柜内开关容量是按照用户需求设计施工，但用户取电一般是按照就近原则，容易出现开关容量与电缆线径不匹配问题。当发现小开关配大电缆时，立即要求用电方整改，按照原先设计位置取电。

2. 督促做好金属构架的接地

演出场地上的金属构架上安装了电脑灯或 LED 屏幕，均易产生漏电。而金属架构若未可靠接地，发生漏电后将引发火灾或危及人身安全。

3. 严查拖地插头防护等级

用户的插头多是随地摆放，部分会采用 IP68 高防护等级，但也存在无防水设计的普通插头。对于此类插头，建议用户更换防水等级较高的插头，或置于高处并做防水包裹处理。

第四节 施工建设

一 安全管控

1. 争取多方沟通，减少管线破坏

设计施工前期会做现场勘测，对地下管线有初步物探。但现场情况多样，在初步施工时需小心开挖。在这些区域施工开挖前须做好物探并及时与公园管理中心、城管局、交通局、交警局、地铁公司等相关部门做好对接和安全技术交底，防止开挖破坏地下管线。

2. 搭建电缆桥架，加强电缆防护

电缆敷设完成后，须采用金属线槽或橡胶电缆过线桥进行防护，避免人为的踩踏或外力破坏。防护措施可按照以下原则：

（1）电缆线槽上方严禁大型车辆通过。

（2）在有小型车通过的路口，线槽上方需制作梯形钢板防护桥。

（3）在有人员频繁通过的区域需在线槽上方制作梯形木质防护桥，并做好木板的固定。若使用钢钉固定，须每日检查钢钉是否凸起，避免扎伤行人。

（4）在人流量较小或无人通过区域，可视情况采用橡胶电缆过线桥。

（5）每隔一定距离在电缆线槽或橡胶过线桥上方张贴"线路有电，禁止踩踏"警示牌。

（6）在大风天气，需在电缆线槽或橡胶过线桥上方放置沙袋固定。

（7）在电缆路径两侧放置铁质围栏，并张贴"电力施工，请绕行"等警示牌。

二 质量管控

1. 做好孔洞封堵，完善标识标签

（1）对所有保供电设备的孔洞、缝隙做到全密封性的封堵。

（2）对保供电设备做好标识标签。由于保供电设备的重要性，为防止恶意破坏，可使用英文及数字编号的方式，并在内部宣贯编号规则，不宜使用中文标签。

（3）加强对相关设备高低压带电警示标识的完善。低压设备也需要张贴"有电，

危险"等警示标牌。

2.高压设备基础一次支模

（1）箱式变压器基础采用一次支模、一次浇筑成型，避免多次支模多次浇筑成型的箱式变压器基础衔接处浇筑不严实，造成箱式变压器基础受力不均匀，对设备造成损害。

（2）箱式变压器采用 C30 标号混凝土，并统一采购，同时使用搅拌车、泵机、搅拌棒、夯机等一体化机械化设备浇筑箱式变压器基础，确保箱式变压器基础浇筑的质量。

3.低压设备基础统一尺寸、统一制作

为保证整体进度已在设计时考虑低压动力柜基础采用统一规格、尺寸。基础槽钢在现场也应统一规格、尺寸、统一制作和安装，确保设备基础质量可控受控。

三　进度管控

在严把安全和质量的同时，合理利用人力和管理方法加快施工建设。

1.合理分组派工、工作量化

为确保活动按预期送电，可按片区分两个或多个施工班组同时施工开挖、浇筑、敷设电缆；不同班组再细分小组，采用人休活不停的 3 班倒工作模式，合理进行分组工作；在确保施工质量、安全的前提下 24 小时抢进度，确保电力设备土建进度可控。

对于施工过程中工程量大、难度大的工作，如低压电缆敷设，动力柜安装等，则需做到每日每个班组工作量化，严格管控工作进度。

2.提前布控、制定方案

从项目立项统筹开始，提前统筹施工管理组织架构、提前制定施工班组人员、制定施工方案，并且对项目难点、时间节点做好倒排工期的统筹准备工作；提前协调调配物资、协调物资材料、提前申购乙供物资；从管理上提前管控来确保施工进度可控、受控。

第五节　验收调试

施工完成后，需要进行验收调试。验收调试不仅是能够发现问题还能解决问题。

● 验收要求

设备验收严格按照国家、行业及供电企业相关标准进行验收。

1. 严把保护功能的验收

保护功能包括继电保护和熔丝保护两种。保护功能是否能够可靠动作，决定着保供电工作的整体成败。验收时要求设备厂家和施工单位必须到场。

（1）继保验收不仅要进行常规检查，还要全程参与调试。在大型活动保供电验收中，不仅要做测量回路、控制回路的常规检查，建议全程参与开关的定值校验及开关传动等，确保设备可靠动作。

（2）环网柜变压器单元验收时验证熔丝跳闸保护是否有效。环网柜变压器单元采用的是熔丝保护，当变压器有故障时电流增大会熔断熔丝，熔断器顶针会触发连杆使得变压器开关跳闸。在验收时，部分型号设备可按压联动杆验证熔断器顶针是否可触发开关跳闸。若发现问题后，立刻要求厂家对所有变压器单元机构进行排查和消缺。

2. 严查动力柜内连接电缆转弯半径

由于低压动力柜内布局紧凑，多次发现柜内连接电缆转弯半径过小；根据《电气装置安装工程电缆线路施工及验收规范》（GB 50168—2016）中电缆最小转弯半径的要求，聚氯乙烯绝缘电缆最小转弯半径为 $10D$，交联聚乙烯绝缘电力电缆单芯为 $20D$。当电缆折弯严重，当运行电流过大时，在折弯处会严重发热，从而烧坏电缆，存在较大安全隐患。发现问题后应立刻要求厂家更换折弯较严重的电缆。

3. 设备试验

设备试验严格按照入网设备交接试验相关规范，《电气装置安装工程电气设备交接试验标准》（GB 50150—2016）及《电力设备预防性试验规程》（Q/CSG 114002—2011）。建议对高压电缆使用 0.1Hz 超低频交流耐压试验和介质损耗试验用以检测电缆是否良好。

● 调试要求

调试包含备自投（ATS）调试、UPS 调试和发电车调试。

1. 备自投调试

备自投调试即是验证备自投功能。采用断开上级电源的方式，模拟主供电源失电后，查验备自投开关能否快速切换到备用电源，当备用电源复电后不应再次切换，即自投不自复。

2. UPS 调试

UPS 电源多采用与 ATS 配合的方式。

（1）断开 UPS 输出电源，查验能否快速切换至备用电源，切换过程中负荷不应有闪断；

（2）两路同时失电后，UPS 可持续供电，期间负荷不闪断，并观察 UPS 放电过程是否达到设计续航时间的要求。

3. 发电车调试

发电车在保供电中有热备用和冷备用两种用法。发电车的使用也是常与 ATS 配合使用。

（1）热备用状态即是发电机处于启动状态，此时发电车作为备用电源引至 ATS。切换至发电车供电后，注意观察发电机的电压、电流、频率是否稳定，是否出现过负荷现象。

（2）冷备用状态即是发电机处于停机状态，待主供电源失电后才启动发电机。此时的 ATS 开关可设置为手动切换，待发电机电气量稳定后方可手动切换。待切换至发电车供电后，注意观察发电机的电压、电流、频率是否稳定，是否出现过负荷现象。

三　大负荷测试

大负荷测试又称满负荷测试，即让用户将所有用电负荷全部启用，并保持一段时间，期间检测供电设备的电气量及各项运行指标。保供电场所电力保障大负荷试验步骤主要分为下列几个步骤：

第一步：大负荷测试通知。大负荷测试期间所有停、送电操作前均应通知电视转播设备、信息设备、安保设备等重要设备的现场负责人，避免造成设备损坏。

第二步：正常运行方式测试。在正常运行方式下，将全部用电负荷投入运行；工作人员按照工作要求对全部设备进行测温、测负荷工作并做好记录。

第三步：异常运行方式测试。测试开始规定时间后，各场馆根据实际情况，采用停运一台变压器等异常运行方式运行；在异常运行方式期间，工作人员应重点监测变压器、双路用户、重载用户的负荷、温度变化情况。

第四步：试验结束。大负荷试验结束后，拆除所有临时接入的测量线、谐波测试装置等试验设备，各业务人员检查设备是否恢复正常状态，系统恢复正常。

第六节 专项督查

一 组建专家组

专家组应由电力行业的相关专家和学者组成，专家组应具备丰富的经验和专业知识，能够全面了解电力供应链的各个环节，并能提供有针对性的建议和指导，从而有效推进保供电工作。

（1）确定专家组的成员。可以邀请来自电力公司、电力设备制造商、电力研究机构等领域的专家。专家组成员应具备较高的学术水平和实践经验，能够全面分析和解决保供电中的各种问题，优先考虑邀请参加过保供电活动指导的专家。

（2）制定工作目标和任务。对整体保供电环节进行全面的评估和分析，找出存在的问题，并提出相应的改进措施。专家组还提供相关的指导文件和标准，为保供电工作提供科学依据和操作指南。

（3）定期召开会议，进行工作讨论、总结和经验分享。他们可以就保供电工作中的关键问题进行深入讨论，提出解决方案，并对已实施的措施进行评估和调整。专家组的建议和意见应及时反馈给相关部门和电力企业，以便及时采取相应的措施。

二 实施督查

实施督查是保供电工作的核心环节，通过对保供电各个环节的监督和检查，可以及时发现问题并采取相应的措施，确保保供电期间的电力供应稳定性和可靠性。

（1）建立健全督查机制。相关部门应制定详细的督查计划和工作方案，明确督查的目标和内容。全面督查保供电的各个环节，准确判断问题的严重程度和影响范围。

（2）开展全面性和针对性督查。对保供电的各个环节进行全面的检查，包括电力生产、输送、配送等环节。重点关注存在的问题和隐患，并提出相应的整改要求。督查还应根据不同地区和企业的实际情况，制定相应的督查标准和指导意见。

（3）及时反馈督查结果。督查人员应将检查结果和问题清单及时上报给相关部门和企业，要求其采取相应的整改措施。同时，督查人员还应跟进督查结果的整改情况，确保问题得到有效解决。

三 整改提升

需整改提升的问题可分为供电电源、设备设施、组织保障、现场环境、应急准备、物资装备六大类。对于可及时解决的问题，应根据工作时限内完成；对于不能及时解决的问题，应做好风险预案，开展临时措施，降低风险。

第3章
实施阶段

在保供电工作完成了前期建设、验收、测试等工作后，则进入实施阶段。在活动正式开始，进入值守阶段前，须制定应急预案，最终按照既定方案进入实战状态。本章重点介绍应急准备、应急演练、现场值守的内容。

第一节 应急准备

一 建立指挥体系

行军打仗需要排兵布阵、安营扎寨。大型活动的保供电工作就是一场没有硝烟的战争，同样需要搭建指挥部，形成人员架构。

1. 搭建指挥场地

重大活动保供电往往投入人力较多，工作时间较长。可根据需要搭建保供电现场指挥部，便于组织会议和人员休息。

2. 组织架构及人员职责

现场值守指挥部以保供电团队为核心，由组长担任现场指挥长，由副组长担任副指挥长，验收调试组成员担任各组组长，如图3-1所示。

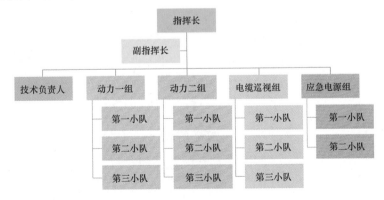

图 3-1 组织架构图

二 编制应急预案

应急预案的编制建立在风险评估的基础上,充分考虑"人、机、料、法、环"各项因素,制定切实可行、简单有效的应急处置方案。应急处置方案应能够明确"哪些人—在何时—在何地—怎样做"。其中,包括建立应急指挥体系、制定值守方案、制定应急处置预案,最终的落脚点为应急处置卡。

(一)编制流程

应急预案的编制应是贯穿全程的工作,如图 3-2 所示,在供电方案设计完成后即可启动应急预案的编制,但因具体实施过程可能会有变更和调整,所以需要与以上几项工作,如施工、调试、检测进行的结果相结合并做合理调整。

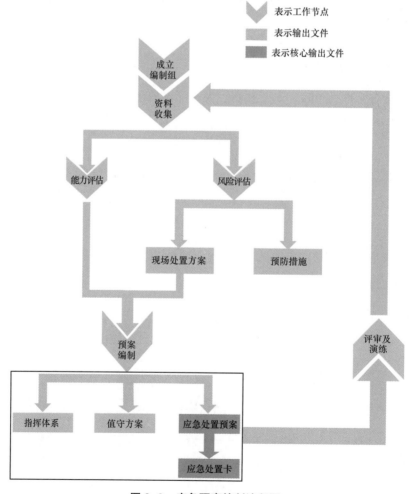

图 3-2 应急预案编制流程图

1. 成立编制组

由重大活动保供电工作小组组长组织团队开展应急预案编制工作，明确编制任务、职责分工，制定编制计划。营销服务组和后勤宣传组可不参与。

2. 资料收集

包括相关法律法规、技术标准、应急预案、国内外同行业企业事故资料、本单位安全生产相关技术资料、企业周边环境影响、应急资源等有关资料。

3. 工作评估

（1）设备风险评估。

分析所有供电设备可能发生的运行风险，及故障类型和故障影响范围。对于供用电设备，应从变电站的站内出线开关开始，到出线电缆、高压环网柜、变压器、低压柜、低压电缆、低压动力柜及柜内开关，进行全方位的头脑风暴式的风险评估和故障推演。

（2）应急能力评估。

从应急组织管理、应急处置队伍和应急物资配备三个方面，对本单位目前的应急能力进行客观评估。查缺补漏，针对薄弱环节，制定整改计划，并做好记录，由组长指派专人跟进，形成督办机制。

（二）值守方案

值守方案的编制应遵循"专业化、精细化、区域化"的原则，确保分工明确、守土有责。

专业化：局内值守人员应按照其业务专长，值守在对应设备区域。UPS和发电车等应急设备，应有厂家技术人员参与。每组应配备一名兼职急救员，该急救员应熟练掌握心肺复苏等急救技能。

精细化：每个小组组员分工明确，按照组员职责细化到每项工作内容，由组长分派工作内容。

区域化：按照整个场地划分区域，同时综合考虑负荷类型、移动区域等因素。根据管辖区域大小和管理设备数量，合理安排值守人员。

（三）应急处置预案

根据工作评估中输出的《现场处置方案》和应急能力评估的结果，结合"人、机、料、法、环"各项因素，纳入上述指挥体系和值守方案的核心内容，编制应急处置预案。

当发生应急情况时，《现场处置方案》和应急能力评估解决了"怎样做？"，而指挥体系和值守方案解决了"谁来做?"。结合起来即可实现应急预案的实用性和全面性。

应急预案是应急处置卡的指导文件,因此不必细化到每一台设备,同类型同功能的设备,可选择其中一台编制详细的处置预案。

(四)应急处置卡

应急处置卡是精简版的应急预案。各组组长负责统筹编制本组管辖所有设备的应急处置卡。主要以应急预案中的同功能同类型设备处置预案为蓝本,编制每台设备应急处置卡,并张贴在设备盖板内侧,方便值守时拿取。各组编制完应急处置卡后交由预案编制工作组审核。

(五)应急预案审查

应急预案编制完成后,应进行评审和论证。整个过程分为内部评审、演练检验和外部评审。内部评审或论证由本单位主要负责人组织有关部门和人员进行。内部评审通过后,进行应急演练,检验应急预案可实施性。然后接受外部评审,外部评审由本单位组织有关专家或技术人员进行,上级主管部门或地方政府负责安全生产管理的部门派员参加。

1. 内部评审

内部评审主要是预案编制工作组成员自身查缺补漏,对发现的问题进行讨论和推演,深挖流程细节。

2. 外部评审

外部评审专家由本单位以外成员组成。专家组主要依照《重要保供电场所供电安全风险评估业务指导书》和《保供电工作指引》相关内容,进行现场评估,并将发现的问题列入"保供电检查问题清单汇总表"中。预案编写工作组应结合专家组的意见进行调整或整改。

应急预案评审或论证合格后,按照有关规定进行备案,由单位主要负责人签发实施。

三 准备队伍和装备

(一)供电保障队伍

供电保障队伍的人员应持有"特种作业操作证(电工)",具备专业技能和实践经验,具备必要的安全生产和消防安全知识,并经考试合格。

供电保障队伍配置,应按照负荷等级、分片负责的原则划分值守点位或值守区域。按照实际保供电值守点位,每个值守点位至少安排2人,若值守点比较密集,可采用分片负责的方式进行调整，2 人 1 组可值守 1 个区域，配置情况又可分为活动举办时段、非活动举办时段：

1. 活动举办时段

一级场所应安排专职人员现场值班，一级场所每值不应少于 3 人，二级场所每值不应少于 2 人，其他场所应安排人员不间断巡视，巡视至少由两人进行。一级场所及设备应安排人员不间断巡视，巡视至少由两人进行。二级场所及设备应安排人员巡视，建议采用分片负责的方式。场馆供电保障经理可根据设备量对值守人员进行调整，但不应低于上述标准。

2. 非活动举办时阶段

一级场所不应少于 1 人，二级场所不应少于 1 人，其他场所应安排人员巡视。一级、二级场所及设备应安排人员巡视。场馆供电保障经理根据可根据实际情况对值守人员进行调整，但不应低于上述标准。

（二）供电保障装备

保供电的装备相当于行军打仗的"兵器"，所谓"工欲善其事，必先利其器"。充足的物资储备和精良的工器具是保供电工作成功的有效保证。

1. 备品备件

重大活动保供电可能使用设备较多，涉及环网柜、变压器、箱变、动力柜、高低压电缆、电缆槽盒等，因此需做好备品备件的准备及管理工作。

备品备件由团队信息员统计入台账，管控人员为技术负责人。技术负责人负责联系各设备厂家准备备品备件，并存放在活动场地指定位置。技术负责人协助组长在应急情况下，按照应急预案组织更换备品备件。

备品备件管理按照"分散存放、集中管理、统一处置"的原则。根据重大活动保供电的特点，供电设备多是临时设备且数量较多，在备品备件储备和管理方面建议考虑以下几方面：

（1）若箱变为一供一备，高压电缆也是双回路供电，则备品备件可不考虑箱变及高压电缆。

（2）备自投开关（ATS）是关键部件，备品备件应重点储备动力柜和备自投开关。

（3）动力柜中的低压分开关，在设计时会考虑一个备用开关的冗余，所以可少量储备低压分开关。

（4）低压电缆头附件视现场情况少量储备。

2.工器具

重大活动保供电使用的工器具种类较多，数量也较多，从功能上来看，主要分为：巡检工具、机械工具、通信工具。巡检工具主要用于现场演练、值守巡视的监测和使用，如局放仪、红外成像仪（红外测温仪）、钳形电流表、图纸等；机械工具主要用于抢修或故障处理时使用，如扳手、拆头套筒等；通信工具主要用于现场演练、值守时使用，如对讲机等。

各类工器具配置清单、配置要求，见表3-1。

▼ 表3-1 工器具清单表

序号	工具类型	工具名称	配置要求	领用人
1	巡检工具	局放仪	高压设备组每组一台	组长
2		红外成像仪 / 红外测温仪	低压设备组每组一台	组长
3		钳形电流表	低压设备组每组一台	组长
4		万用表	低压设备组每组一台	组长
5		绝缘电阻表	高低压设备组每组一台	组长
6		手电	每人一把	全体
7		记录表单	高低压设备组每组一套	组长
8		图纸	高低压设备组每组一套	组长
9		绝缘手套	高低压设备组每组一套	组长
10		低压验电笔	低压设备组每人一只	全体
11	机械工具	扳手	低压设备组每组一套	组长
12		拆头套筒	低压设备组每组一套	组长
13	通信工具	对讲机	高低压设备组每组一套	指挥长、技术负责人、组长

第二节　应急演练

按照既定的应急预案和应急处置卡内容，按照"战时标准"全员参与，模拟某一项或几项故障，找出演练中发现的不足之处，反馈给预案编制组，调整应急预案。不足之处包括：人员熟悉程度、信息传递流程是否顺畅、处置方式是否有效等。

一 编制演练计划

保供电工作涉及范围广、设备量大、人员多，现场工作人员需进行设备巡视检查、应急处置，工作量大。为避免值守阶段现场工作人员出现对工作内容、工作流程不熟悉、不清楚，分别假设电源侧故障、用户侧设备故障，对应急情况进行演练测试，及时发现不足之处，提高应急响应速度及能力。

二 实施演练

按照既定的应急预案和应急处置卡内容，按照"战时标准"全员参与，模拟某一项或几项故障，找出演练中发现的不足之处，反馈给预案编制组，调整应急预案。不足之处包括：人员熟悉程度、信息传递流程是否顺畅、处置方式是否有效等。

三 总结提升

重要保供电任务结束后，各单位应当总结保供电的成功经验与不足，制定整体提升计划，并上报单位备案。每年开展保供电工作总结，在安全生产委员会会议中进行通报。

保供电领导小组应在保供电结束后2个工作日内组织编制本部门、单位保供电工作总结。

核心场所保供电工作小组在保供电结束后，按照领导小组要求，编制核心区域保供电工作总结。由安全监管部门汇总后，报送相关专业管理部门，并抄送安全监管部（应急指挥中心）备案。

综合及人力资源部应负责组织核心场所保供电工作的相关考核、表彰和奖励。

第三节　现场值守

现场值守按照既定的《应急处置预案》和《应急值守卡》的相关要求进行现场值守。

一 巡视检查

建立保供电应急值班值守和巡视检查机制，严格值班值守纪律，特级、一级保供电实施阶段各单位应当严格执行 24 小时值班制度，其他等级的保供电实施阶段各单位应视情况制定相应的值班制度并严格执行。

（一）巡视要求

1.活动举办时段

一级场所应安排专职人员现场值班，一级场所每值不应少于 3 人，二级场所每值不应少于 2 人，其他场所应安排人员不间断巡视，巡视至少由两人进行。一级场所及设备应安排人员不间断巡视，巡视至少由两人进行。二级场所及设备应安排人员巡视，建议采用分片负责的方式。场馆供电保障经理可根据设备量对值守人员进行调整，但不应低于上述标准。

2.非活动举办时阶段

一级场所不应少于 1 人，二级场所不应少于 1 人，其他场所应安排人员巡视。一级、二级场所及设备应安排人员巡视。场馆供电保障经理根据可根据实际情况对值守人员进行调整，但不应低于上述标准。

（二）巡视内容

1.输电线路

巡视人员应该配备必要的工器具、通信器材和劳动防护用品来采取必要的安全防护措施，确保自身的人身安全，并且要确保巡视工作的质量。巡视人员应及时发现设备缺陷和外部隐患，并在发现异常情况后立即采取应对措施，并向上级报告。在进行巡视任务时，巡视人员需要开展以下巡视内容：

架空线路的巡视包括杆塔、导地线、基础及防护设施、绝缘子、金具、防雷设施及接地装置、其他附属设施和线路防护区，特别要关注临近线路的施工、树木、违章建筑等可能危及线路安全运行的外部隐患。

电缆线路的巡视包括电缆本体、电缆附件、电缆通道、电缆辅助设施等。

2.变电设备

巡视人员应按照每天 3 次的巡视工作安排进行任务。其中，每天早上 8 时进行的巡视是全面巡视，而其他时间的巡视则是针对性巡视。完成每次巡视后，巡视人员应向所属的巡维中心汇报巡视情况，并在遵守"多看少动"的原则下，避免触碰可能引起设备运行状态或功能改变的部分。在进行巡视任务时，需要注意以下巡视内容：

（1）特一、特二级变电站；

（2）保供电间隔设备；

（3）重载、满载设备；

（4）带缺陷、隐患运行的设备；

（5）安保情况。

3. 配电设备

巡视人员在工作时间内必须保持通信方式畅通，且不得擅自离开工作地段。在获悉雷雨、大风天气预报后，应安排进行防雷、防涝和防风特巡，及时发现并消除设备隐患。线路非 24 小时动态巡视，巡视时间安排 8~21 时。若当天保供电活动在 21 时尚未结束，运行人员应继续巡视直至活动结束。所有巡视工作应填写相应表单，并留有记录。巡视人员完成每次巡视工作后，应向设备管理部门汇报巡视情况。巡视人员重点关注设备以下运行情况，如发现异常情况及时向设备管理部门汇报：

（1）线路和设备负载率，特别是重载设备；

（2）带缺陷、隐患运行的设备情况；

（3）设备运行环境。

4. 调度自动化防护设备

巡视人员应在配备经过功能检测确认正常的工器具，严格按照要求巡视设备，并做好记录以及必须确保巡视到位和巡视质量，及时发现存在的设备缺陷和外部隐患，发现异常后应及时采取应对措施，同时向上级报告的前提下完成下列巡视内容：

（1）检查系统是否正常；

（2）检查所有服务器是否正常；

（3）检查设备（CPU、磁盘、网络设备、辅助设备）是否正常；

（4）检查主站是否正常。

5. 通信设备

巡视人员应严格按照规定的巡视段落进行巡视，不得任意变更巡视段落，如有特殊情况应立即上报。在发现井盖丢失、破损、占压、外力破坏、野蛮施工等威胁光缆安全运行的情况，应立即制止、立即上报。并派人现场看护，采取有效措施确保不会发生车辆、行人伤害，直至缺陷处理完成。巡视人员发现通信设备异常情况，应立即上报，并派人现场看护，并采取有效措施确保不会发生设备故障，直至缺陷处理完成。

在进行巡视任务时，需要注意以下巡视内容：

（1）架空光缆；

（2）传输设备；

（3）数据设备；

（4）语音交换设备；

（5）会议电视设备；

（6）通信电源；

（7）通信机房。

二　信息报送

场所电力保障团队应将现场值守工作开展情况每周书面向场馆团队、活动组织单位上报工作开展情况，内容应包括工作内容开展情况、供配电设备状况、设备缺陷及整改情况、各专业用电需求等。

三　后勤保障

"衣食住行"相当于行军打仗的"粮草"，行军打仗讲究"兵马未动，粮草先行"。因此需安排好保电人员的衣食住行，为大家提供坚实的后勤保障，维持保供电工作人员的战斗力，解决保供电工作人员的后顾之忧。

1. 衣

（1）活动期间，根据需要为工作人员定做马甲。

（2）与活动主办方对接，充分考虑现场活动对服装的要求。如不宜在晚间演出场地穿含反光条的工作服等。

2. 食

（1）为方便工作人员就餐，安排送餐服务。

（2）准备充足的饮用水、面包、饼干等饮食。

（3）按照配置标准配置药品种类；根据人员数量及现场情况配置急救药品数量，可多配备创可贴、防蚊水等常用易耗品。

（4）夏季准备防暑凉茶。

3. 住

（1）按照需要配备折叠床，用于夜间值守人员轮值休息；

（2）调配宿舍资源，安排离家较远的同事在深夜加班后临时休息。

4.行

（1）安排大巴车辆统一接送保电人员至值守场地。

（2）协助信息员办理车辆和人员通行证件。

（3）正因为有了周密的衣食安排，工作人员没了后顾之忧，才能冲锋在前，凯旋。

第4章
总结阶段

无特殊情况，保供电活动按照保供电工作方案确定的时间自行结束。结束后，应在总结阶段做好保供电工作评估总结、经验交流等工作。

一　工作总结

保供电领导小组应在保供电结束后及时组织编制本部门、单位保供电工作总结。保供电工作总结内容包括：保供电任务完成情况、对方案的评价、主要经验和教训、改进措施和建议等。

1.完成情况

按照时间阶段，总结保供电活动的基本情况，例如投入的人员规模、装备数量、达到的成效等。

2.方案评价

根据保供电的情况，总结保供电措施落实情况，例如保供电技术方案制定、电网运行方式优化、保供电设备运行维护、备用电源支援、保供电值守、内外部信息沟通及信息报送等。

3.存在不足

应根据保供电活动的实际情况，总结不足，指导后续的保供电活动及时改进。例如设计跟进不紧密与施工对接不畅、施工细节把控不严等。

注意：保供电方案、任务实施记录、信息报告、总结记录和现场图片影像资料至少保存三年。

二　经验交流

保供电过程中可能会应用新技术或形成新的管理模式，应全面总结经验，固化好的做法，在行业内进行交流推广。保供电经验可从如下几个方面进行总结：

（1）保供电工作机制方面。例如政企沟通联络协同机制、督办跟踪机制、专家队伍督导检查机制、经验借鉴应用机制、党建引领保供电工作机制的优化情况等。

（2）电网运维模式方面。例如设备监视及应急指挥效率提升、故障处置效率提升、细化驻守安排等。

（3）新技术应用方面。深挖保供电中创新使用的新技术新设备，以及在保电中怎样发挥重要作用、产生怎样的社会影响，通过技术交流或新闻报道等方式，提高技术推广影响力。

三　表彰奖励

保供电活动每次都需要参与的单位、人员精心组织、统筹部署，了解演出用电需求，定制保供电技术方案，严控各阶段工作质量，付出巨大的投入和精力。为了鼓励在保供电中的奉献精神、创新精神，可根据实际情况，对突出贡献的组织或个人进行表彰奖励。

第5章
市场化模式运作

本章从智慧运维托管、临电共享及临时高品质供电三个方面，重点介绍深圳市目前市场化运作模式，保供电用户可通过市场化采购，提前配置满足重要负荷需求的不间断电源和应急发电设备及专业化的运维服务，保障不间断电源完好可靠。

第一节　智慧运维托管

一　基本情况

智慧运维托管是依托智慧运维平台，实现线上线下联动的服务模式，可以为客户高低压设备提供巡视检测、检修维保、调试预试、基础服务、智能监控等全面的电气设备管家式服务。通过专业化、规模化的托管服务，使客户设备运行更加安全、延长设备使用寿命、提升用电可靠性、规范了设备管理、有效降低设备运维成本。

二　运作模式

智慧运维托管服务运作模式如图 5-1 所示。

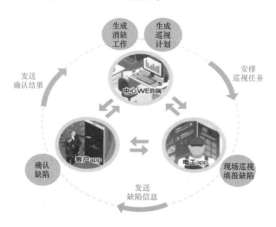

图 5-1　智慧运维托管服务运作模式示意图

　　在智慧运维托管服务运作模式中，中心 WEB 端包括监控中心、资源管理、智能运维等功能，实现远程监控、故障报警、工作指挥，App 端的缺陷事故报告、工作申报、结果反馈等，通过中心的资源调配，将工作指派、过程监督，质量控制下发。

　　客户和电工 App 在巡检、消缺、故障抢修等工作中实现工作的流转，进行视频、音频、图片的交流和互动，发起问题讨论和交流，并进行反馈及获得专家支持。

三　服务内容

　　智慧运维托管的服务内容具体见表 5-1。

▼ 表 5-1　　　　　　　　　　　智慧运维托管服务内容

服务类别	服务内容
巡视检测	设备定期巡视检测
	设备运行状态分析
	设备设施定期维护
	设备环境维护
	能耗分析报告
	设备运维状况报告
检修维保	设备缺陷处理
	设备检修
	设备设施清洁保养
	设备调试
调试预试	继电保护定检
	高低压系统调试
	高低压设备预防性试验
基础服务	带电无损状态检测
	建立设备档案数据库
	备品备件及配送
	全天候应急救援
智能监控	电能实时监控
	智慧用电管理
	事件 / 事故预警
	智能运维 / 移动互联

巡视检测服务包括定期巡视检测设备、分析设备运行状态、维护设备设施和环境，以及提供能耗分析报告和设备运维状况报告。

检修维保服务涵盖设备缺陷处理、设备检修、设备设施清洁保养和设备调试，确保设备的正常运行和维护。

调试预试服务包括继电保护定检、高低压系统调试和高低压设备预防性试验，以确保设备的可靠性和性能。

基础服务提供带电无损状态检测、建立设备档案数据库、备品备件及配送以及全天候应急救援，为设备管理提供基础支持。

智能监控服务涵盖电能实时监控、智慧用电管理、事件/事故预警以及智能运维/移动互联，通过智能技术提高设备管理的效率和安全性。

第二节　临电共享

一　基本情况

临电共享是指在特定场景下，将电力资源进行共享和共用的一种模式。通过临时连接和共享电源设备，可以满足临时或临时性需求，如户外活动、临时工地、紧急救援等。临电共享可以提供灵活、可靠的电力供应，减少资源浪费和成本，同时提高能源利用效率。

二　运作模式

临电共享的运作模式包括报建、设计、采购、安装、智慧运维、抢修、拆除等全生命周期一站式服务，各种型号箱变以租赁模式供用户选择。

临电共享租赁模式优势如图 5-2 所示。

图 5-2　临电共享租赁模式优势示意图

箱式变压器安装采用用户自建模式和租赁模式的区别见表 5-2。

▼ 表 5-2　　　　　　　　　　　自建模式和租赁模式对比表

自建模式	租赁模式	租赁模式优势
一次性使用，无法循环利用，造成浪费	设备、设施循环利用不浪费，实现节约型办事	多方共赢
各自为政、管理无序，影响建设的进度，安全隐患也多	统一管理、规范化运作，用电有保障，安全可控、在控	
设计、施工、运维分开，互相推诿责任，烦琐且影响进度	用电全过程负责制，一站式服务省心且进度快	
设备、设施种类繁多，质量良莠不齐，管理难度大	设备、设施配置规范，减少管理难度，质量有保证	
无法建立绿色通道，单项建设不能形成共用网络，建设周期长	与供电局建立绿色通道，用电建设响应快，周期短	建设速度快应急抢修及时
无日常维护，设备及安全隐患多，应急抢修没有统一部署，发生故障才组织抢修，响应慢	设立运维基地，配置备品备件，及时排查消除各类隐患，1 小时内组织应急抢修，重要用户立即提供应急发电车快速供电，智慧运维不间断监控设备运行安全	
无法进行整体的方案优化，对电网安全影响大	统一规划、优化方案布局合理，电网安全性、供电可靠性高	电网安全供电可靠
没有用电全过程的管理，客户担心	全过程专业化运作和管理，用电安全有保证，客户省心、放心	
—	创新供电模式，社会效益最大化，实现国家、社会、企业多方共赢	创新供电模式

三　服务内容

临电共享服务内容如图 5-3 所示。

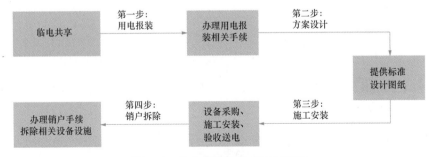

图 5-3　临电共享服务内容示意图

临电共享服务涵盖了用电报装、方案设计、施工安装、销户拆除一整套服务流程并且临电共享建立在对于客户最大的痛点基础上，即项目开工需要申请临时用电，从申请到验收送电各个环节都要走不同的流程办理，手续复杂，费心劳神。而对于临电共享，可在解决以上痛点的基础上给客户带来更加快速用电的体验。可以在从用电报装到验收送电的过程中只需办理用电报装相关手续即可，并且通过临时连接和共享电源设备，可以实现用电的无缝对接。

第三节 临时高品质供电

一 基本情况

保供电服务是为有重要活动、会议或者计划停电后的重要负荷的客户，根据客户用电需求情况，提前组织人员深入现场对各保电场所供电线路及设备开展全面"体检"，制定保供电方案及现场预案，组织专业技术人员及应急发电车，保障安全可靠供电。

二 运作模式

（一）模式特点

1. 价值主张

保供电市场化模式主张：最需要的时候给予最强的保障；高光时刻不断电；可控能控。

2. 组合策略

将保供电服务与智慧运维托管服务结合使客户享有：智慧运维托管服务优先保电权；据具体保电需求，按保电时间、人力值守配置、设备投入规模、物料消耗量等计算价格；智慧运维托管服务保电费用优惠折扣。

3. 模式优势

保供电市场化模式优势：保电设备全、保电经验多、保电力量强。

（二）计费标准及定价模式

1. 常规简单保供电项目

计费标准执行《关于印发〈广东省电力行业10kV配电网不停电作业收费标准（2019年版）〉的通知》（广东电行〔2020〕3号文）标准中没有的机械、设备、材料执行深圳当地当时不含税市场价格。保供电过程中，若有发电，则另计发电燃油费，计费标准参照《广东省电力行业 10kV 配网不停电作业收费标准》（广东电行〔2020〕3 号文）附录二"发电台时费明细表"执行。

2. 大型复杂保供电项目

计费标准执行《关于印发〈广东省电力行业电网应急预置费用标准〉的通知》（广东电行〔2019〕20 号文）标准中没有的机械、设备、材料执行深圳当地当时不含税市场价格。保供电过程中，若有发电，则另计发电燃油费，计费标准可参照《广东省电力行业 10kV 配网不停电作业收费标准》（广东电行〔2020〕3 号文）附录二"发电台时费明细表"执行或按实际发生计取。

3. 保供电商业一口价

保供电商业一口价见表 5-3。

▼ 表 5-3　　　　　　　　　　　　保供电商业一口价

序号	作业类型	规格（kW）	供电系统接入及退出费（元）	施工占时费（元）	值班人员工费（元/工日）	发电台时费-燃油费（元/h）
1	低压发电	200	19999	1199	人工工日执行带电技工单价（价：46.17元），以实际值守工日结算（1 日=8h，一天 24h=3 工日，例：2人/1天值守：人×3工日=6工日）	288
2		300				468
3		400	21299	1799		588
4		500				766
5		600				888
6		700	23699	2999		1088
7		800				1166
8		1000				1388
9	中压发电	1000	32699	3999		1388
10		1500				2166
11		1600	39999	7999		2288
12		1800				2588
13		2000				2788

注　1 以上接入及退出包含发电车当天的接入及退出费用。不包含从接入持续 24 小时后的施工占用费、值班人员费、发电燃油费。价格均包含 6% 税金。
　　2 燃油费可选择按实际加油量进行收费，加收人工费。
　　3 超过 24 小时开始计取施工占时费（按天结算不足一天按一天计算）。

三 服务内容

1. 服务流程

保供电市场化模式的服务流程如图 5-4 所示。

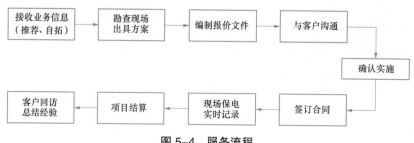

图 5-4　服务流程

2. 服务内容

保供电市场化模式的服务内容具体如下：

（1）客户提出需求时客户经理介绍基本服务模式；

（2）随后技术人员现场查勘，制定保电方案；

（3）当双方确定商务内容后则签订合同；

（4）按时开展保电服务；

（5）服务结束，完成后续商务工作；

（6）客户经理回访。

下　篇
技术篇

　　保供电技术的创新和应用是城市保供电的关键。本篇围绕保供电的三个阶段，分别从供电电源设计、应急电源配置、供电设备选型、防雷与接地、临时工程建设、风险评估、应急演练与大负荷测试、应急值守与智能监测、重要场馆电气设计 9 方面对城市保供电过程中应用的关键技术进行了介绍。

第6章
供电电源设计

　　供电电源配置技术是保障供电系统稳定运行和可靠供电的重要技术之一。在现代社会中，各种重要场所和关键设施对电力的需求日益增长，对供电系统的可靠性和灵活性提出了更高的要求。

　　本章将从主网、配网以及典型场所三个方面阐述供电电源配置技术，并且通过合理配置供电电源设计供电方案，以满足不同等级的保供电场所的电力需求，并确保供电系统能够持续稳定运行。

第一节　主网供电方案

　　重要用户 10kV 供电线路上级电源应来自不同 500kV 变电站，220kV 形成环网供电，以满足 N–1 要求，确保电网侧供电电源安全稳定运行。

　　特级重要活动场所高压一次主接线宜采用单母线三分段接线，装设两组母线分段断路器；供电电源及主接线配置宜满足两路主供电源同时运行、备用电源热备用的运行方式。

　　一级重要活动场所高压一次主接线宜采用单母线分段接线，装设一组母分断路器；供电电源及主接线配置宜满足两路主供电源同时运行方式。

　　二级重要活动场所高压一次主接线宜采用单母线分段接线，装设一组母分断路器；供电电源及主接线配置宜满足两路主供电源同时运行方式。

<h1>第二节　配网供电方案</h1>

<h2>一　三电源供电模式</h2>

<h3>（一）全专线模式</h3>

<h4>1. 供电模式</h4>

三电源全专线模式共有 3 路电源，电源点来自 3 个不同的变电站，三路电源进线均为专线，见表 6-1。

▼ 表 6-1　　　　　　　　　　　　　　　全专线进线模式

供电模式	电源	电源点	接入方式
三电源	电源 1	变电站 1	专线
	电源 2	变电站 2	专线
	电源 3	变电站 3	专线

<h4>2. 运行方式</h4>

从运行方式来看，三电源全专线模式中两路电源作为主供，一路作为备供，即"两供一备"模式。两路主供电源任一路失电后热备用电源自动投切；任一路电源在峰荷时应带满所有的一、二级负荷。

<h4>3. 适用范围</h4>

从适用范围来看，全专线模式适用有高可靠性需求，中断供电将可能造成特别重大影响的特别重要的电力用户（或特别重要用电场所）。

<h3>（二）两路专线 + 环网公网模式</h3>

<h4>1. 供电模式</h4>

两路专线 + 环网公网共有 3 路电源，电源点来自 2 个变电站，其中两路专线进线取自不同变电站，一路环网公网取自其中一座变电站，见表 6-2。

<h4>2. 运行方式</h4>

从运行方式来看，两路专线 + 环网公网模式两路专线作为主供，一路环网公网备

▼ 表 6-2　　　　　　　　　　　　　两路专线＋环网公网模式

供电模式	电源	电源点	接入方式
三电源	电源 1	变电站 1	专线
	电源 2	变电站 2	专线
	电源 3	变电站 2	环网公网

供，即"两供一备"模式。两路主供电源任一路失电后热备用电源自动投切；任一路电源在峰荷时应带满所有的一、二级负荷。

3. 适用范围

从适用范围来看，两路专线＋环网公网模式适用具有造成重大影响的重要的电力用户（或重要用电场所）。

（三）两路专线＋辐射公网模式

1. 供电模式

两路专线＋辐射公网模式共有 3 路电源，电源点来自 2 个变电站，其中两路专线进线取自两座变电站，一路辐射公网取自其中一座变电站，见表 6-3。

▼ 表 6-3　　　　　　　　　　　　　两路专线＋辐射公网模式

供电模式	电源	电源点	接入方式
三电源	电源 1	变电站 1	专线
	电源 2	变电站 2	专线
	电源 3	变电站 2	辐射公网

2. 运行方式

从运行方式来看，两路专线＋辐射公网模式两路专线作为主供，一路辐射公网备供，即"两供一备"模式。两路主供电源任一路失电后热备用电源自动投切，任一路电源在峰荷时应带满所有的一、二级负荷。

3. 适用范围

从适用范围来看，两路专线＋辐射公网模式适用具有极高可靠性需求、中断供电将可能涉及国家安全，但地理位置偏远的特别重要电力用户，如国家级的军事机构和军事基地。

二 双电源供电模式

（一）两路专线模式

1. 供电模式

两路专线模式共有 2 路电源，电源点来自不同的变电站，两路电源进线均为专线，见表 6-4。

▼ 表 6-4　　　　　　　　　　　　专线供电模式

供电模式	电源	电源点	接入方式
双电源	电源 1	变电站 1	专线
	电源 2	变电站 2	专线

2. 运行方式

从运行方式来看，两路专线模式中两路电源互供互备，任一路电源都能带满负荷，而且应尽量配置备用电源自动投切装置。

3. 适用范围

从适用范围来看，两路专线模式适用具有很高可靠性需求，中断供电将可能造成重大政治影响或社会影响的重要电力用户，如省级政府机关、国际大型枢纽机场、重要铁路牵引站、三级甲等医院等。

（二）专线＋环网公网模式

1. 供电模式

专线＋环网公网模式共有两路电源，电源点来自不同变电站，其中一路电源进线为专线，另一路电源进线为环网公网，见表 6-5。

▼ 表 6-5　　　　　　　　　　　专线＋环网公网供电模式

供电模式	电源	电源点	接入方式
双电源	电源 1	变电站 1	专线
	电源 2	变电站 2	环网公网

2. 运行方式

从运行方式来看，专线＋环网公网模式采用专线主供、公网热备运行方式，主供电源失电后，公网热备电源自动投切，两路电源应装有可靠的电气、机械闭锁装置。

3. 适用范围

从适用范围来看，专线+环网公网模式适用具有很高可靠性需求，中断供电将可能危害造成人身伤亡或重大政治社会影响的重要电力用户，如国家级广播电台、电视台、国家级铁路干线枢纽站、国家级通信枢纽站、国家级数据中心、国家级银行等。

（三）专线+辐射公网模式

1. 供电模式

专线+辐射公网模式共有2个电源，电源点来自不同的变电站，其中一路电源进线为专线，另一路电源进线为辐射公网，见表6-6。

▼ 表6-6　　　　　　　　　　　　　专线+辐射公网模式

供电模式	电源	电源点	接入方式
双电源	电源1	变电站1	专线
	电源2	变电站2	辐射公网

2. 运行方式

从运行方式来看，专线+辐射公网模式采用专线主供、公网热备运行方式，主供电源失电后，公网热备电源自动投切，两路电源应装有可靠的电气、机械闭锁装置。

3. 适用范围

从适用范围来看，专线+辐射公网模式适用具有很高可靠性需求，中断供电将可能造成重大政治社会影响的重要电力用户，如城市轨道交通牵引站、承担重大国事活动的国家级场所、国家级大型体育中心、承担国际或国家级大型展览的会展中心、地区性枢纽机场、各省级广播电台、电视台及传输发射台站等。

（四）两路环网公网模式

1. 供电模式

两路环网公网模式共有2路电源，电源点来自不同变电站，两路电源进线均为环网公网，见表6-7。

▼ 表6-7　　　　　　　　　　　　　环网公网模式

供电模式	电源	电源点	接入方式
双电源	电源1	变电站1	环网公网
	电源2	变电站2	环网公网

2.运行方式

从运行方式来看，两路环网公网模式采用双电源各带一台变压器，低压母线分段运行方式，双电源互供互备，要求每台变压器在峰荷时至少能够带满全部的一、二级负荷。

3.适用范围

从适用范围来看，两路环网公网模式适用具有很高可靠性需求，中断供电将可能造成重大社会影响的重要电力用户，如铁路大型客运站、城市轨道交通大型换乘站等。

（五）两路辐射公网模式

1.供电模式

两路辐射公网模式共有 2 路电源，电源点来取自不同变电站，两路电源进线均为辐射公网，见表 6-8。

▼ 表 6-8 　　　　　　　　　　　　　　辐射公网模式

供电模式	电源	电源点	接入方式
双电源	电源 1	变电站 1	辐射公网
	电源 2	变电站 2	辐射公网

2.运行方式

从运行方式来看，两路辐射公网模式采用母线分段，互供互备运行方式；公网热备电源自动投切，两路电源应装有可靠的电气、机械闭锁装置。

3.适用范围

从适用范围来看，两路辐射公网模式适用具有很高可靠性需求，中断供电将可能造成较大范围社会公共秩序混乱或重大政治影响的重要电力用户，如特别重要的定点涉外接待宾馆等、举办全国性和单项国际比赛的场馆等人员特别密集场所等。

（六）同站专线 + 辐射公网模式

1.供电模式

同站专线 + 辐射公网模式共有 2 路电源，电源点来自同一变电站，一路电源进线为专线，另一路电源进线为辐射公网，见表 6-9。

2.运行方式

从运行方式来看，同站专线 + 辐射公网模式采用专线主供、公网热备运行方式，主供电源失电后，公网热备电源自动投切，两路电源应装有可靠的电气、机械闭锁装置。

同站专线 + 辐射公网模式

供电模式	电源	电源点	接入方式
双电源	电源 1	变电站 1	专线
	电源 2	变电站 1	辐射公网

3. 适用范围

从适用范围来看，同站专线 + 辐射公网模式适用不具备来自两个方向变电站条件，具有较高可靠性需求。中断供电将可能造成人身伤亡、重大经济损失或较大范围社会公共秩序混乱的重要电力用户，如石油输送首站和末站、天然气输气干线、6 万 t 以上的大型井工煤矿、石化、冶金等高危企业、供水面积大的大型水厂、污水处理厂等。

（七）同站辐射公网模式

1. 供电模式

同站辐射公网模式共有 2 路电源，电源点来自同一变电站，两路电源进线均为辐射公网，见表 6-10。

▼ 表 6-10 同站辐射公网模式

供电模式	电源	电源点	接入方式
双电源	电源 1	变电站 1	辐射公网
	电源 2	变电站 1	辐射公网

2. 运行方式

从运行方式来看，同站辐射公网模式进线电源可采用母线分段，互供互备运行方式；要求公网热备电源自动投切，两路电源应装有可靠的电气、机械闭锁装置。

3. 适用范围

从适用范围来看，同站辐射公网适用不具备来自两个方向变电站条件，有较高可靠性需求，中断供电将可能造成重大经济损失或较大范围社会公共秩序混乱的重要电力用户，如天然气输气支线、6 万 t 的中型井工煤矿、石化、冶金等高危企业、中型水厂、污水处理厂等。

三 双回路供电模式

（一）同站专线模式

1. 供电模式

同站专线模式共有 2 路电源，电源点来自同一变电站，两路电源进线均为专线，见表 6-11。

▼ 表 6-11　　　　　　　　　　　同站专线模式

供电模式	电源	电源点	接入方式
双回路	电源 1	变电站 1	专线
	电源 2	变电站 1	专线

2. 运行方式

从运行方式来看，同站专线模式两路电源互供互备用，任一路电源都能带满负荷，而且应尽量配置备用电源自动投切装置。

3. 适用范围

从适用范围来看，同站专线模式适用不具备来自两个方向变电站条件，具有较高可靠性需求，中断供电将可能造成较大社会影响的重要电力用户，如市政府部门、普通机场等。

（二）同站专线 + 环网公网模式

1. 供电模式

同站专线 + 环网公网模式共有 2 路电源，电源点来自同一变电站，一路电源进线为专线，另一路电源进线为环网公网，见表 6-12。

▼ 表 6-12　　　　　　　　同站专线 + 环网公网模式

供电模式	电源	电源点	接入方式
双回路	电源 1	变电站 1	专线
	电源 2	变电站 1	环网公网

2. 运行方式

从运行方式来看，同站专线 + 环网公网模式两路电源互供互备用，任一路电源都能带满负荷，而且应尽量配置备用电源自动投切装置。

3. 适用范围

从适用范围来看，同站专线 + 环网公网模式适用不具备来自两个方向变电站条件，具有较高可靠性需求，中断供电将可能造成较大社会影响的重要电力用户，如国家二级通信枢纽站、国家二级数据中心、二级医院等重要电力用户。

（三）同站专线＋辐射公网模式

1. 供电模式

同站专线＋辐射公网模式共有 2 路电源，电源点来自同一变电站，一路电源进线为专线，另一路电源进线为辐射公网，见表 6-13。

▼ 表 6-13　　　　　　　　　　　　同站专线＋辐射公网模式

供电模式	电源	电源点	接入方式
双回路	电源 1	变电站 1	专线
	电源 2	变电站 1	辐射公网

2. 运行方式

从运行方式来看，同站专线＋敷设公网模式采用专线主供、公网热备运行方式，主供电源失电后，公网热备电源自动投切，两路电源应装有可靠的电气、机械闭锁装置。

3. 适用范围

从适用范围来看，同站专线＋辐射公网模式适用不具备来自两个方向变电站条件，具有较高可靠性需求，中断供电将可能造成重大经济损失或一定范围社会公共秩序混乱的重要电力用户，如汽车、造船、飞行器、发电机、锅炉、汽轮机、机车、机床加工等机械制造企业达到一定供水面积的中型水厂、污水处理厂等。

（四）同站辐射公网模式

1. 供电模式

同站辐射公网模式共有 2 路电源，电源点来自同一变电站，两路电源进线均为辐射公网，见表 6-14。

▼ 表 6-14　　　　　　　　　　　　同站辐射公网模式

供电模式	电源	电源点	接入方式
双回路	电源 1	变电站 1	辐射公网
	电源 2	变电站 1	辐射公网

2. 运行方式

从运行方式来看，同站辐射公网模式采用两路电源互供互备，任一路电源都能带满负荷，且应尽量配置备用电源自动投切装置。

3.适用范围

从适用范围来看，同站辐射公网适用不具备来自两个方向变电站条件，具有较高可靠性需求中断供电将可能造成较大经济损失或一定范围社会公共秩序混乱的重要电力用户，如一定规模的重点工业企业、各地市级广播电视台及传输发射台、高度超过100m 的特别重要的商业办公楼等。

第三节　典型场所主接线

一　特级保电场所

特级保电重要场所原则上应具备三路电源的供电条件，即两路主供电源和一路备用电源，三路电源至少应来自两个不同的变电站。每路主供电源容量应能满足所有下接负荷的运行要求，备用电源应能满足本保电场所内所有一级负荷及二级负荷的运行要求。

一次主接线宜采用单母线三分段接线，装设两组母线分段断路器（简称母分）。分段断路器应具有自动投切和手动投切功能。

电力用户宜采用两路主供电源同时运行方式。当主供电源失电时，经母分备自投改由备用电源供电，保障所有重要负荷改由备用电源供电。切换时间按负荷允许停电时间确定，并满足上下级系统切换时间配合。

二　一级保电场所

一级保电重要场所应具备两路电源供电条件，即两路主供电源，两路电源应当来自两个不同的变电站。每路主供电源容量应能满足所有下接负荷的运行要求。

一次主接线宜采用单母线分段接线，装设一组母分备自投。设分段（联络）开关，分段断路器装设母分备自投和手投。

电力用户宜采用两路主供电源同时运行方式，当其中一路主供电源失电时，经母分备自投（主供电源母联）改由另一路主供电源供电。切换时间按电力用户允许停电时间确定，并与上下级系统切换时间配合。

三　二级保电场所

二级保电重要场所宜具备两路电源供电条件，两路电源可以来自同一个变电站的不同母线段，每路主供电源容量应能满足所有下接负荷的运行要求。

一次主接线宜采用单母线分段接线，设分段（联络）开关。

电力用户宜采用两路主供电源同时运行方式。

第7章
应急电源配置

本章首先介绍应急电源的基本概念与分类，然后通过不间断电源（UPS）、移动应急电源（发电车）的配置，结合切换开关（ATS、STS）等设备与应急电源进行组合配置。同时给出了 6 种典型的应急电源配置方案并且列出了不同方案的系统构成、优缺点、适用范围以及可靠性评价，以应对不同场景不同等级的保供电需求。其次阐述了自备应急电源配置的原则以及技术要求。最后展示了应急电源的应用案例。

第一节　基本概念与分类

一　基本概念

根据功能特点，用户供电电源可分为主供电源、备用电源及应急电源。主供电源是指在正常情况下能有效为全部负荷提供电力的电源；备用电源是指在主供电源发生故障或断电时，能有效为全部负荷或保安负荷提供电力的电源；应急电源是指在主供和备用电源全部发生中断的情况下，能为保安负荷可靠供电的独立电源，供电电源示意图如图 7-1 所示。

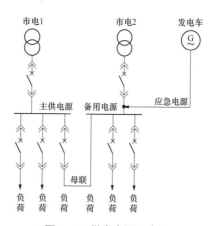

图 7-1　供电电源示意图

一　应急电源分类

备用与应急电源的配置主要根据用户在安全、业务和生产上对供电可靠性的实际需求，主要种类包括：

（1）独立于正常电源的发电机组，包括应急燃气轮机发电机组、应急柴油发电机组。快速自启动的发电机组适用于允许中断供电时间为 15s 以上的供电。

（2）不间断电源设备（UPS）如图 7-2（a）所示，适用于允许中断供电时间为毫秒级的负荷。

（3）逆变应急电源（EPS）如图 7-2（b）所示，一种把蓄电池的直流电能逆变成正弦波交流电能的应急电源，适用于允许中断供电时间为 0.25s 以上的负荷。

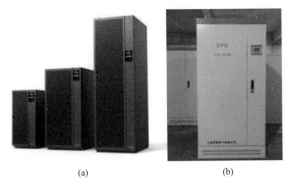

（a）　　　　　　　　　　　　　　（b）

图 7-2　UPS 和 EPS 实物图

（a）UPS ；（b）EPS

（4）有自动投入装置的有效独立于正常电源的专用馈电线路，适用于允许中断供电时间大于电源切换时间的负荷。

（5）蓄电池，适用于特别重要的直流电源负荷。

（6）移动发电设备，装有电源装置的应急电源车（如图 7-3 所示）、小型移动式发电机及其他新型电源装置。

据统计，在城市保供电中，通过供电企业主要配置带有发电机的应急发电车，电力用户配置不间断电源 UPS。

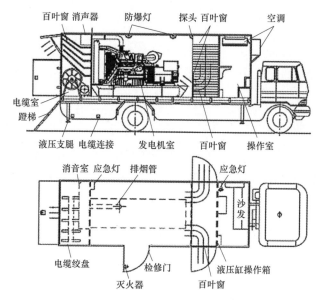

图 7-3 应急电源车结构图

第二节 应急电源选择技术要求

应急电源技术在大型活动供电保障及抢险救灾应急供电中发挥着重要作用。当市电供电出现波动、瞬断、间断以及线路维修等各种问题时，应急电源可保障重要设施、用户的不间断供电。常用的有电池储能和飞轮储能，在应急供电保障中常使用 UPS 电源车、柴油发电车、氢燃料电池发电车等 3 类移动应急电源车。

一 不间断电源技术

不间断电源（UPS）是一种含有储能装置，以电力电子变换器为主要组成部分，输出恒压恒频的电源设备。

（一）电池储能式 UPS

1. 储能电池简介

在大型活动供电保障中，UPS 涉及的储能电池主要包括铅酸蓄电池和锂电池两种。

（1）铅酸蓄电池。铅酸蓄电池是一种电极主要由铅及其氧化物制成、电解液是硫酸溶液的蓄电池。铅酸电池放电状态下，正极主要成分为二氧化铅，负极主要成分为铅；充电状态下，正负极的主要成分均为硫酸铅。

（2）锂电池。锂电池是一类由锂金属或锂合金为负极材料、使用非水电解质溶液的电池。

2. 储能电池的特点

铅酸蓄电池的特点：

（1）原料易得，价格相对低廉；

（2）高倍率放电性能良好；

（3）适合于浮充电使用，无记忆效应；

（4）回收率高；

（5）安全性高。

3. 锂电池的特点

锂电池具有下列优点：

（1）比能量高；

（2）循环性能好，使用寿命较长；

（3）无记忆效应。

但相比铅酸蓄电池，目前锂电池存在回收率较差，安全性较低的缺点。

4. 电池储能式 UPS 系统

大型活动供电保障用电池储能式 UPS 系统主要由整流器、逆变器、蓄电池组、静态旁路开关等部件组成，除此之外还有间接向负载提供市电（备用电源）的旁路装置。电池储能式 UPS 系统工作原理如图 7-4 所示。

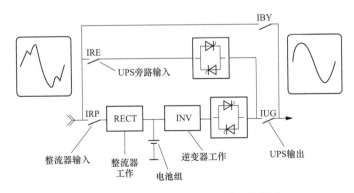

图 7-4　电池储能式 UPS 系统工作原理

5. UPS 分类

UPS 根据不同的性质可有不同的分类方式。

（1）按输入输出相数分，可分为单进单出、三进单出和三进三出 UPS。

（2）按功率等级分，可分为微型（＜3kVA）、小型（3~10kVA）、中型（10~100kVA）和大型（＞100kVA）。

（3）按电路结构形式分，可分为后备式、在线互动式、三段口式（单变换式）、在线式等。

（4）按输出波形的不同，可分为方波和正弦波两种。

6. 在线式 UPS 基本工作方式

在线式 UPS 的基本工作方式有并联和串联两种，分别如图 7-5、图 7-6 所示。UPS 电池串联后电池的总电压等于 10 个电瓶电压之和，但电池的容量（放电时间）不变，只相当于最小电池的容量；UPS 并联后电压不变，原来每个电瓶的电压是多少，并联后还是这个电压，但是电池的容量（放电时间）等于 10 个电瓶容量之和。

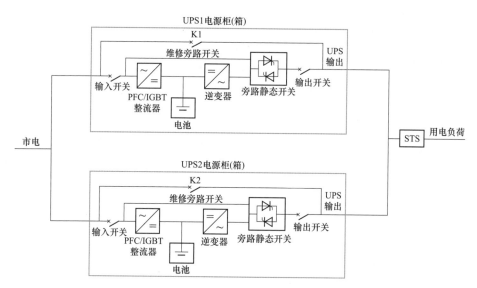

图 7-5　UPS 并联冗余连接图

UPS 串联的优点为：

（1）结构简单，安装方便；

（2）价格便宜；

（3）不同公司，不同功率的 UPS 也可以串联。

UPS 并联的缺点为：

（1）不能扩容；

（2）主机老化不一致，并机电池寿命降低；

（3）当负载有短路故障时，逆变器容易损坏。

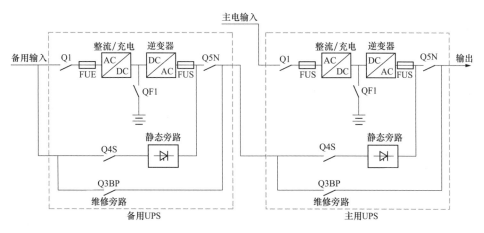

图 7-6　UPS 串联冗余连接图

　　一般双机串联热备机 UPS 在安装完毕后操作即与单机一样简单。但是在双机并联的应用中，由于双机并联需考虑各 UPS 的电压、频率及相位三者完全一致条件下才可并联。因此操作上需注意的事项甚是复杂。尚且，双机并联要增加 UPS 的配件，形成 2 台 UPS 要同时锁相输出，因此在长时间的作业下，并联机的故障率将会比串联机高。有时因电压、频率、相位无法一致，操作时仅能保持主机（Master）运转而仆机（Slaver）则关闭。因此，一般在保供电应用中，常采用串联方式。

（二）飞轮储能式 UPS

1. 飞轮储能式 UPS 简介

　　飞轮储能式 UPS 是为大型活动提供紧急电源支撑的重要手段。飞轮储能式 UPS 是通过转子加减速，以动能的形式在应急保电中实现能量快速充放电功能的储能形式，利用飞轮系统物理储能代替了传统蓄电池的化学储能方式。飞轮储能式 UPS 可提供市电供电瞬断或停电时启动发电机所需的过渡能源，该系统是一种完全集成的在线互动式系统。由飞轮储能 UPS 为核心的飞轮储能应急供电系统，使飞轮 UPS、ATS（自动转换开关）和柴油发电机组有效结合，当市电出现故障时，控制柴油发电机组投入使用，当市电故障恢复时，柴油发电机组自动退出运行，为关键负载提供零毫秒级不间断电力保障。

2. 飞轮储能式 UPS 的特点

　　飞轮储能式 UPS 系统是将 UPS、储能飞轮与大功率柴油发电机组系统结合，实现了大型活动不间断电力供应保障，其主要特点有零毫秒级、高续航力、高可靠性、可以适应复杂工作环境、高效率、超长使用寿命、维护简便、功能可扩展等。

3.飞轮储能式 UPS 系统组成结构

大型活动供电保障用飞轮储能式 UPS 系统组成及工作原理如图 7-7 所示。

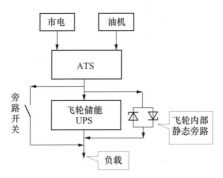

图 7-7　飞轮储能式 UPS 系统组成及工作原理

二　移动应急电源技术

移动应急电源即车载的能够为负荷提供临时电源供应的装备，也即移动应急电源车。目前常见的移动应急电源车主要包括柴油发电车与 UPS 电源车，实际保电中常将柴油发电车与 UPS 电源车配合使用。

（一）柴油发电车

按照发电机组的类型不同，柴油发电车可分为柴油机式发电车与燃气轮机式发电车两类，这两类发电车的发电设备分别采用柴油发电机组和燃气轮发电机组。

1.柴油发电机组应急电源车

柴油发电机组应急电源车主要由底盘车、柴油发电机组、静音厢体及厢内辅助设备等几大部分构成。柴油发电机组是一种机电一体化设备，它由柴油发动机、交流发电机和控制系统等部件组成，其技术涉及机械动力学、电学和自动化控制等多个领域。柴油发电机组以柴油为燃料，以柴油发动机为动力源，配以发电机，为用户提供应急电源。某型号柴油发电机组如图 7-8 所示，原理图如图 7-9 所示。

柴油发电机组应急电源车具有技术成熟、机动灵活、启动迅速等多个优点，且适于大量配备。随着现代社会对电力能源的依赖性日益增强，柴油发电机组应急电源车在大型活动供电保障、城市电网应急、自然灾害应急处置以及电力紧缺地区临时用电等中小型用电场所发挥的作用亦日趋显著。

图 7-8　柴油发电机组

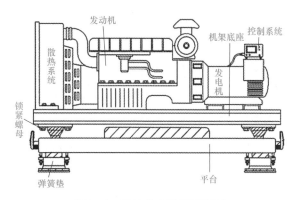

图 7-9　柴油发电机组原理图

2. 燃气轮发电机组应急电源车

燃气轮发电机组应急电源车主要由底盘车、燃气轮发电机组、静音厢体及辅助车等几大部分构成。其中，燃气轮发电机组是一种机电一体化设备，它作为燃气轮发电机组应急电源车的核心部分，由燃气轮机、交流发电机和控制系统等部分组成、其技术涉及热力学、电学和自动化控制等多个领域。燃气轮发电机组以柴油为燃料，以燃气轮机为动力源，配以发电机，为用户输出应急电源。某型号的燃气轮机如图 7-10 所示。

燃气轮发电机组应急电源车除具有机动灵活、技术先进等优点外，与柴油发电机组应急电源车相比，还具有同比体积小、噪声低、功率大、电气参数稳定、排放环保等优点。主要应用于大容量重要电力用户、大型居民区、大型活动临时用电等场所的电力应急供电和日常供电保障任务。

图 7-10　燃气轮机

3. 接入方式

柴油发电车输出电压等级有 400V 和 10kV 两种。目前配备的柴油发电机组应急电源车大部分为 400V，燃气轮发电机组应急电源车的输出为 10kV。

400V 柴油发电车的输出端一般连接在低压配电系统的母线上或者备用开关上；也可以连接于 UPS 电源车的输入端，作为 UPS 电源车的一路输入电源。

10kV 柴油发电车的输出端可连接在架空线路上或者 10kV 开闭站的进线母排及备用间隔上，也可接在用户 10kV 配电系统环网柜上。

柴油发电车输出接口采用快速插拔式电缆快速连接器。

柴油发电车在应急抢险、大型活动供电保障中发挥着重要作用。

（二）UPS 电源车

UPS 电源车是基于 UPS 不间断供电技术的车载电源系统，在大型活动供电保障及应急抢险救灾过程中提供临时电源支撑。UPS 电源车不但具备固定式 UPS 不间断电源的优点，还具有机动行驶、灵活调配的功能，具备应急、移动能力强，可在野外露天工作等特点。

1. UPS 电源车结构及功能

根据所含储能装置的不同，UPS 电源车可分为静态储能 UPS 电源车及动态储能 UPS 电源车。静态储能系统包括电池及超级电容，目前使用的储能电池主要包括胶体铅酸电池、钛酸锂电池、磷酸铁锂电池等；动态储能系统主要包括飞轮储能系统。UPS 电源车主要由底盘车、车厢、UPS 主机、后备储能蓄电池组（或飞轮储能系统）、电池管理系统、通风散热系统及其他设备系统组成。某型号 UPS 电源车如图 7-11

所示。

2.接入方式及应用

UPS电源车一般有两路输入一路输出。两路电源输入可以分别来自两路市电或者两个应急电源车，也可以一路来自市电、一路来自应急电源车；一路输出连接负载，一般连接于低压配电系统的母线上或备用开关上。

UPS电源车的输入及输出接口均采用快速插拔式电缆快速连接器。

UPS电源车可以实现两路电源之间的零秒过渡切换，为重要用户提供不间断的优质电源。

以双路市电互为备用带UPS输出保障模式为例，UPS电源车接入系统如图7-12。

图7-11　UPS电源车

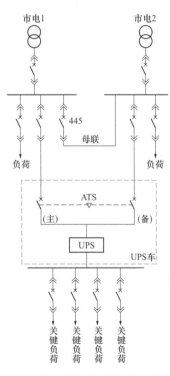

图7-12　UPS电源车接入系统

UPS电源车在保障重要（敏感）负荷不间断供电中发挥着重要作用。

三　保电场所应急电源选择

（一）特级保电场所

特级保电场所应设置自备应急电源，并设置专用应急供电系统；有特殊供电需求，应配置外部应急电源接入装置。专用应急供电系统可根据重要活动需要，由市电供电或由发电机供电。自备应急电源配置容量应能满足一级负荷和二级负荷的正常供电，原则上达到一级负荷和二级负荷之和的120%，切换时间按负荷允许停电时间确定：

1. 采用发电机组时

自备发电机组的容量与台数应根据电力用户一级负荷和二级负荷的大小和投入顺序等因素综合考虑确定，同一内部低压供电区域内发电机组总台数不宜超过两台。

2. 采用不间断电源时

容量选择应满足事故全停电状态下的持续放电容量。

3. 电力用户应根据保电负荷特性合理选择自备应急电源型式

（1）一级负荷应配置不间断电源装置（UPS）和发电机作为自备应急电源：UPS应集中或者分布式配置，采用在线工作方式，持续供电时间不小于30min；发电机组应集中布置，并根据重要活动对安全、可靠性、噪声等要求，采用冷备或热备的工作方式，持续供电时间不小于3h；采用热备时，切换时间不大于30s；采用冷备时，启动和切换时间不大于15min。

（2）二级负荷宜配置不间断电源装置（UPS）和发电机作为自备应急电源：UPS应集中或者分布式配置方式，持续供电时间不小于30min，UPS静态切换（STS）时间应小于10ms，采用在线、热备切换方式；发电机采用集中式配置方式，采用冷备工作方式，启动和切换时间不大于15min，持续供电时间不小于3h。

（二）一级保电场所

一级保电场所应设置自备应急电源，并设置专用应急供电系统；有特殊供电需求，应配置外部应急电源接入装置。专用应急供电系统可根据重要活动需要，由市电供电或由发电机供电。

自备应急电源配置容量应能满足一级负荷和二级负荷的正常供电，原则上达到一级负荷和二级负荷之和的120%，切换时间按负荷允许停电时间确定。

1. 采用发电机组时

自备发电机组的容量与台数应根据电力用户一级负荷和二级负荷的大小和投入顺序等因素综合考虑确定，同一内部低压供电区域内发电机组总台数不宜超过两台。

2. 采用不间断电源时

容量选择应满足事故全停电状态下的持续放电容量。

3. 电力用户应根据保电负荷特性合理选择自备应急电源型式

（1）一级负荷应配置不间断电源装置（UPS）和发电机作为自备应急电源：

1）UPS 应集中或者分布式配置，采用在线工作方式，持续供电时间不小于 30min。

2）发电机组应集中布置，并根据重要活动对安全、可靠性、噪声等要求，采用冷备或热备的工作方式，持续供电时间不小于 3h；采用热备时，切换时间不大于 30s；采用冷备时，启动和切换时间不大于 15min。

（2）二级负荷宜配置不间断电源装置（UPS）和发电机作为自备应急电源：UPS 应集中或者分布式配置方式，持续供电时间不小于 30min，UPS 静态切换（STS）时间应小于 10ms，采用在线、热备切换方式；发电机采用集中式配置方式，采用冷备工作方式，启动和切换时间不大于 15min，持续供电时间不小于 3h。

电力用户自备应急电源。

（三）二级保电场所

二级保电场所应设置自备应急电源，并具备外部自备应急电源接入条件；有特殊供电需求，应配置外部应急电源接入装置。自备应急电源配置容量应能满足二级负荷的正常供电，原则上达到二级负荷之和的 120%，切换时间按负荷允许停电时间确定。

（1）自备发电机组的容量与台数应根据电力用户二级负荷的大小和投入顺序等因素综合考虑确定。同一内部低压供电区域内发电机组总台数不宜超过两台。

（2）采用不间断电源时，容量选择应满足事故全停电状态下的持续放电容量。

（3）电力用户应根据保电负荷特性合理选择自备应急电源：

1）二级负荷自备应急电源宜配置不间断电源装置（UPS）和发电机：

UPS 采用集中或者分布式配置方式，持续供电时间不小于 15min，UPS 静态切换（STS）时间应小于 10ms，采用在线、热备切换方式；

发电机采用集中式配置方式在线、冷备、热备的工作方式，持续供电时间不小于 3h，切换时间不大于 30s，采用 ATSE 或手动切换方式。

2）自备应急电源及自备应急电源组合的推荐技术指标及适用范围见表 7–1。

▼ 表 7-1　　　自备应急电源及自备应急电源组合的推荐技术指标及适用范围表

序号	类别	容量（kW）	工作方式	持续供电时间	切换时间	切换方式	适用范围
1	UPS	＜800	在线、热备	10~30min	0s	在线或STS	一、二级负荷
2	EPS	0.5~800	冷备、热备	60、90、120min 等	0.1~2s	ASTE	三级负荷
3	柴油发电机组	2.5~2500	冷备、热备	标准条件下12h	5~30s	ASTE 或手动	三级负荷
4	UPS+发电机组	＞800	在线、冷备、热备	标准条件下12h	＜10ms	在线或STS	一、二级负荷
5	EPS+发电机组	2.5~800	冷备、热备	标准条件下12h	0.1~2s	ASTE 或手动	三级负荷

　　自备应急电源应定期开展试发、试接操作，并做好记录。自备发电机组定期检查周期一般不超过 1 个月，重要活动保电前半个月应再次试发，发现异常应及时消缺。自备应急电源应定期开展试发、试接操作，开展应急电源功能测试，检验投切情况和发电机启动情况，并做好记录。自备发电机组定期检查周期一般不超过 1 个月，重要活动保电前应再次试发，发现异常应及时消缺。

第三节　应急电源配置典型方案

　　下面给出 6 种常用的移动应急电源配置方案及系统接线方式。并简要阐述各方案的优缺点及适用范围。

一　单路市电主供、发电车备用模式

1. 系统构成

　　单路市电主供、发电车备用模式的系统构成即市电 + 发电车，其接线方式如图 7-13 所示。

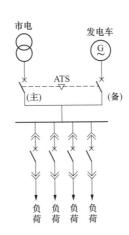

图 7-13　单路市电主供、发电车备用模式

2. 优缺点

（1）优点。装备数量少，回路简单。

（2）缺点。供电可靠性一般。

3. 适用范围

单路市电主供、发电车备用模式适用于市电电源可靠性较差，负荷供电允许短时间间断的临时供电场所。

4. 配置说明及可靠性评价

单路市电主供、发电车备用模式配置说明及可靠性评价见表 7-2。

▼ 表 7-2　　　　单路市电主供、发电车备用模式配置说明及可靠性评价

序号	环节	项目	说明
1	电源	市电电源	单路市电
2		发电车	单路
3		$N-1$	满足
4	UPS/SSTS 设备	UPS	无
5		SSTS	
6	UPS/SSTS 输出端	备用供电回路	
7	负荷	发生电源故障后负荷受影响程度	短时间断
8		发生 UPS/SSTS 输出故障后负荷受影响程度	—
9		适用场景	非关键负荷
10	供电系统	可靠性	一般

二 双路市电主供、发电车备用模式

1. 系统构成

双路市电主供、发电车备用模式的系统构成即双路市电 + 发电车，其接线方式如图 7-14 所示。

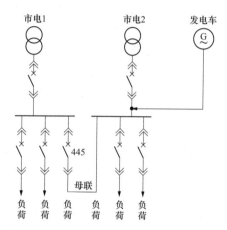

图 7-14　双路市电主供、发电车备用模式接线方式

2. 优缺点

（1）优点。装备数量少，回路简单。

（2）缺点。供电可靠性一般。

3. 适用范围

双路市电主供、发电车备用模式适用于具备双路或多路市电电源、负荷供电允许短时间断的重要临时供电场所。

4. 配置说明及可靠性评价

双路市电主供、发电车备用模式配置说明及可靠性评价见表 7-3。

▼ 表 7-3　　　　双路市电主供、发电车备用模式配置说明及可靠性评价

序号	环节	项目	说明
1	电源	市电电源	双路市电
2		发电车	单路
3		$N-1$	满足
4	UPS/SSTS 设备	UPS	无
5		SSTS	

续表

序号	环节	项目	说明
6	UPS/SSTS 输出端	备用供电回路	无
7	负荷	发生电源故障后负荷受影响程度	短时间断
8		发生 UPS/SSTS 输出故障后负荷受影响程度	—
9		适用场景	非关键负荷
10	供电系统	可靠性	一般

三　双路市电主供、发电车备用带 UPS 输出模式

1. 系统构成

双路市电主供、发电车备用带 UPS 输出模式的系统构成即双路市电 + 发电车 + UPS，其接线方式如图 7-15 所示。

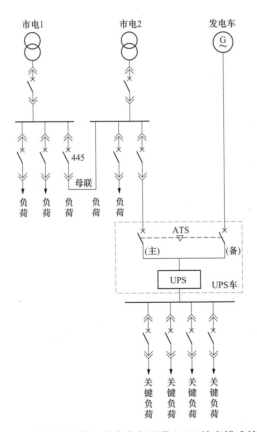

图 7-15　双路市电主供、发电车备用带 UPS 输出模式接线方式

2. 优缺点

（1）优点。供电可靠性较高。

（2）缺点。装备数量多，回路较复杂。

3. 适用范围

双路市电主供、发电车备用带 UPS 输出模式适用于具备双路市电电源，但发生电源闪断后会造成重大政治影响和经济损失的临时供电场所。

4. 配置说明及可靠性评价

双路市电主供、发电车备用带 UPS 输出模式配置说明及可靠性评价见表 7-4。

▼ 表 7-4　双路市电主供、发电车备用带 UPS 输出模式配置说明及可靠性评价

序号	环节	项目	说明
1	电源	市电电源	双路市电
2		发电车	单路
3		$N-1$	满足
4	UPS/SSTS 设备	UPS	有
5		SSTS	无
6	UPS/SSTS 输出端	备用供电回路	
7	负荷	发生电源故障后负荷受影响程度	零闪动
8		发生 UPS/SSTS 输出故障后负荷受影响程度	供电中断
9		适用场景	关键负荷
10	供电系统	可靠性	高

（四）　双路市电互为备用带 SSTS 输出模式

1. 系统构成

双路市电互为备用带 SSTS 输出模式的系统构成即双路市电 +SSTS，其接线方式如图 7-16 所示。

2. 优缺点

（1）优点。装备数量少，供电可靠性较高。

（2）缺点。费用高。

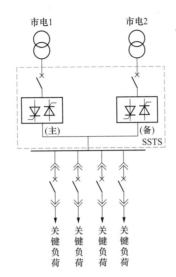

图 7-16　双路市电互为备用带 SSTS 输出模式接线方式

3. 适用范围

双路市电互为备用带 SSTS 输出模式适用于具备双路市电电源、发生电源闪断后会造成重大政治影响和经济损失的临时供电场所。

4. 配置说明及可靠性评价

双路市电互为备用带 SSTS 输出模式配置说明及可靠性评价见表 7-5。

▼　**表 7-5　　双路市电互为备用带 SSTS 输出模式配置说明及可靠性评价**

序号	环节	项目	说明
1	电源	市电电源	双路市电
2		发电车	无
3		$N-1$	满足
4	UPS/SSTS 设备	UPS	无
5		SSTS	有
6	UPS/SSTS 输出端	备用供电回路	无

五　1 路市电带 UPS 输出、2 路市电带 ATS 备用模式

1. 系统构成

1 路市电带 UPS 输出、2 路市电带 ATS 备用模式的系统构成即双路市电 +UPS+ 负荷前端 ATS，其接线方式如图 7-17。

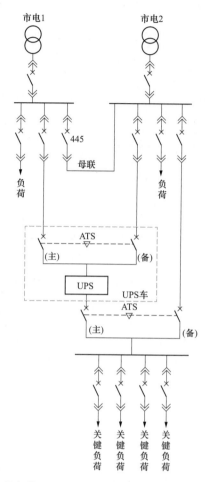

图 7-17 1 路市电带 UPS 输出、2 路市电带 ATS 备用模式接线方式

2. 优缺点

（1）优点。可防止 UPS 输入、输出端发生单点故障，供电可靠性极高。

（2）缺点。装备数量多，回路复杂。

3. 适用范围

1 路市电带 UPS 输出、2 路市电带 ATS 备用模式适用于具备市电电源、发电车不允许进驻、发生电源闪断后会造成极大政治影响和经济损失的临时供电场所。

4. 配置说明及可靠性评价

1 路市电带 UPS 输出、2 路市电带 ATS 备用模式配置说明及可靠性评价见表 7-6。

▼ 表 7-6　1 路市电带 UPS 输出、2 路市电带 ATS 备用模式配置说明及可靠性评价

序号	环节	项目	说明
1	电源	市电电源	双路市电
2		发电车	无
3		$N-1$	满足
4	UPS/SSTS 设备	UPS	有
5		SSTS	无
6	UPS/SSTS 输出端	备用供电回路	有
7	负荷	发生电源故障后负荷受影响程度	零闪动
8		发生 UPS/SSTS 输出故障后负荷受影响程度	短时间断
9		适用场景	关键负荷
10	供电系统	可靠性	极高

六　1 路市电主供、发电车备用带 UPS 输出、2 路市电带 STS 备用模式

1. 系统构成

1 路市电主供、发电车备用带 UPS 输出、2 路市电带 ATS 备用模式的系统构成即双路市电 + 发电车 +UPS+ 负荷前端 STS，其接线方式如图 7-18 所示。

2. 优缺点

（1）优点。可防止 UPS 输入、输出端发生单点故障，供电可靠性极高。

（2）缺点。装备数量多，回路复杂。

3. 适用范围

1 路市电主供、发电车备用带 UPS 输出、2 路市电带 STS 备用模式适用于具备双路市电电源、发生电源闪断后会造成极大政治影响和经济损失的临时供电场所。

4. 配置说明及可靠性评价

1 路市电主供、发电车备用带 UPS 输出、2 路市电带 STS 备用模式配置说明及可靠性评价见表 7-7。

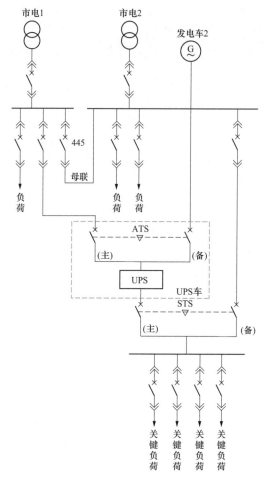

图 7-18　1 路市电主供、发电车备用带 UPS 输出、2 路市电带 ATS 备用模式接线方式

▼ 表 7-7　1 路市电主供、发电车备用带 UPS 输出、2 路市电带 STS 备用模式配置说明及可靠性评价

序号	环节	项目	说明
1	电源	市电电源	双路市电
2		发电车	单路
3		$N-1$	满足
4	UPS/SSTS 设备	UPS	有
5		SSTS	无
6	UPS/SSTS 输出端	备用供电回路	有
7	负荷	发生电源故障后负荷受影响程度	零闪动
8		发生 UPS/SSTS 输出故障后负荷受影响程度	短时间断
9		适用场景	关键负荷
10	供电系统	可靠性	极高

第四节　自备应急电源配置要求

一　自备应急电源配置原则

根据国家标准《重要电力用户供电电源及自备应急电源配置技术规范》（GB/T 29328—2018），重要电力用户自备应急电源配置原则应满足以下要求：

（1）重要电力用户均应配置自备应急电源，电源容量至少应满足全部保安负荷正常启动和带载运行的要求。

（2）重要电力用户的自备应急电源应与供电电源同步建设，同步投运，可设置专用应急母线，提升重要用户的应急能力。

（3）自备应急电源的配置应依据保安负荷的允许断电时间、容量停电影响等负荷特性，综合考虑各类应急电源再启动时间、切换方式、容量大小、持续供电时间、电能质量、节能环保、适用场所等方面的技术性能，合理地选取自备应急电源。

（4）重要电力用户应具备外部应急电源接入条件，有特殊供电需求及临时重要电力用户，应配置外部应急电源接入装置。

（5）自备应急电源应符合国家有关安全消防节能环保等相关技术标准的要求。

（6）自备应急电源应配置闭锁装置，防止向电网反送电。

二　自备应急电源配置技术要求

针对深圳市重要电力用户情况，结合国家标准《重要电力用户供电电源及自备应急电源配置技术规范》（GB/T 29328—2018），重要电力用户自备应急电源允许断电时间、自备应急电源需求容量、持续供电时间和供电质量、环保和防火等方面应满足以下要求：

1. 允许断电时间的技术要求

（1）保安负荷允许断电时间为毫秒级的，应选用满足相应技术条件的静态储能不间断电源或动态储能不间断电源，且采用在线运行方式；

（2）保安负荷允许断电时间为秒级的，应选用满足相应技术条件的静态储能电源、快速自动启动发电机组等电源，且具有自动切换功能；

（3）保安负荷允许断电时间为分钟级的，应选用满足相应技术条件的发电机组等电源，可采用自动切换装置，也可以手动的方式进行切换。

2. 自备应急电源需求容量的技术要求

（1）自备应急电源需求容量达到百兆瓦级的，用户可选用满足相应技术条件的独立于电网的自备电厂作为自备应急电源。

（2）自备应急电源需求容量达到兆瓦级的，用户应选用满足相应技术条件的大容量发电机组、动态储能装置、大容量静态储能装置（如 EPS）等自备应急电源；如选用往复式内燃机驱动的交流发电机组，可参照 GB/T 2820.1 的要求执行。

（3）自备应急电源需求容量达到百千瓦级的，用户可选用满足相应技术条件的中等容量静态储能不间断电源（如 UPS）或小型发电机组等自备应急电源。

（4）自备应急电源需求容量达到千瓦级的，用户可选用满足相应技术条件的小容量静态储能电源（如小型移动式 UPS、储能装置）等自备应急电源。

3. 持续供电时间、供电质量和特殊场所的技术要求

（1）对于持续供电时间要求在标准条件下 12h 以内，对供电质量要求不高的保安负荷，可选用满足相应技术条件的一般发电机组作为自备应急电源；

（2）对于持续供电时间要求在标准条件下 12h 以内，对供电质量要求较高的保安负荷，可选用满足相应技术条件的供电质量高的发电机组、动态储能不间断供电装置、静态储能装置或采用静态储能装置与发电机组的组合作为自备应急电源；

（3）对于持续供电时间要求在标准条件下 2h 以内，对供电质量要求较高的保安负荷，可选用满足相应技术条件的大容量静态储能装置作为自备应急电源；

（4）对于持续供电时间要求在标准条件下 30min 以内，对供电质量要求较高的保安负荷，可选用满足相应技术条件的小容量静态储能装置作为自备应急电源。

（5）对于环保和防火等有特殊要求的用电场所，应选用满足相应要求的自备应急电源。

第8章
供电设备选型

供电设备选型技术是保障供电系统正常运行和可靠供电的关键环节之一。但供电设备的种类繁多，不同的场所和需求对供电设备的要求也各不相同。正确选择和配置供电设备，能够有效提高供电系统的可靠性、安全性。确保供电系统能够适应不同负荷和异常情况下的运行需求。

本章将探讨供电设备选型技术，包括高压设备、低压设备、继电保护以及其他保护设备的选择和应用。首先讨论高压设备的开关柜、变压器、电缆等不同设备的选择要求，并对其工作原理和使用环境进行详细分析。同时，也将讨论这些设备如何配合使用，以实现最佳的供电效果。此外，还将探讨继电保护的基本概念，以及在民用建筑中的技术要求。最后，将介绍其他保护，如变压器、供电线路、并联电容器以及备用电源和备用设备的保护要求。

第一节 高压设备

一 开关柜

环网负荷开关柜中的熔断器，一般选择带有撞击器的熔断器，使用时应根据负荷开关—熔断器组合电器的相关要求进行校验，还应注意熔断器的工作电流受环境温度影响较大，因安装方式的不同，熔断器要考虑降容使用。

选择高压开关柜和环网负荷开关柜的一般要求：

（1）根据使用要求和环境决定选用户内型或户外型开关柜；根据开关柜数量的多少、断路器的安装方式和对可靠性的要求，确定使用固定式还是手车式开关柜。

（2）选用开关柜应符合一、二次系统方案，满足继电保护、测量仪表、控制等配置及二次回路要求。

（3）开关柜的选择应力求技术先进、安全可靠、经济适用、操作维护方便，设备选择要注意小型化、标准化、无油化、免维护或少维护。

（4）开关柜还应满足正常运行、检修、短路和过电压情况下的要求。

（5）开关柜操动机构可选择电磁操动机构、弹簧操动机构和手动操动机构。

（6）金属封闭开关设备按使用条件分为三个设计等级（即0类、1类设计和2类设计）它与使用条件下严酷度的三个等级相对应。

二　变压器

配电变压器指配电系统中根据电磁感应定律变换交流电压和电流而传输交流电能的一种静止电器。有些地区将35kV以下（大多数是10kV及以下）电压等级的电力变压器，称为配电变压器，简称"配变"。

配电变压器根据绝缘介质的不同，可分为油浸式变压器和干式变压器。

干式变压器按绝缘介质分为：

（1）包封线圈式干式变压器主要有SC（B）10、SCR-10等系列产品，适用于高层建筑、商业中心、机场、车站、地铁、医院、工厂等场所。

（2）非包封线圈干式变压器主要有SG10等系列产品，适用于高层建筑、商业中心、机场、车站、地铁、石油化工等场所。

保供电场所的配电变压器选择应根据建筑物的性质和负荷情况、环境条件确定。配电变压器的长期工作负载率不宜大于85%。供电系统中，配电变压器宜选用D,yn11接线组别的变压器。设置在民用建筑中的变压器，应选择干式、气体绝缘或非可燃性液体绝缘的变压器。当单台变压器油量为100kg及以上时，应设置单独的变压器室。变压器低压侧电压为0.4kV时，单台变压器容量不宜大于1250kVA。预装式变电站变压器，单台容量不宜大于800kVA。

三　电缆

电缆芯数选择见表8-1。

下列情况下宜采用单芯电缆组成电缆束替代多芯电缆：

（1）在水下、隧道或特殊的较长距离线路中，为避免或减少中间接头时；

（2）沿电缆桥架敷设，为减小弯曲半径时；

（3）负荷电流很大，采用两根电缆并联仍难以满足要求时；

（4）采用矿物绝缘电缆时。

▼ 表 8-1　　　　　　　　　　　　电缆芯数选择表

电压	系统制式	电缆芯数		说明
		单芯	多芯	
35kV 交流	三相	3×1		当前国产 3 芯电缆的填充质量不稳定,各厂商差异大,应慎用
6~10kV 交流	三相	见本条(2)款	3 芯	
< 1kV 交流	三相四线制①	见本条(2)款	4 或 5 芯 0	TN-C 系统的 PEN 线应和相线在同一电缆内,即用 4 芯
	三相三线制 0	见本条(2)款	3 或 4 芯 0	
	单相两线制 0		3 芯	一般用 3 芯
	单相中频		2 或 4 芯	用 4 芯应为等截面
≤ 50V 交流	单相 SELV		2 芯	
≤ 1500V	直流		2 芯	

① 指载流导体的系统制式,不包括 PE 线。

用于交流系统的单芯电缆应选用无金属护套和铠装的类型。必须铠装时,应采用经隔磁处理的钢丝铠装电缆,35kV 还可用节距足够大的铠装。

三相系统采用单芯电缆时,由于水平排列感抗大于三角形排列,需注意核算电压损失值。

电缆绝缘水平的选择见表 8-2。

正确地选择电缆的额定电压值是确保长期安全运行的关键之一。

▼ 表 8-2　　　　　　　　　　　　电缆绝缘水平选择表　　　　　　　　　　　　(kV)

系统标称电压 U_m		0.22/0.38	3		6		10		35	
电缆的额定电压	U_0 第 I 类	0.6/1 (0.3/0.5) (0.45/0.75)	1.8/3		3/6		6/10		21/35	
	U_0 第 II 类			3/3		6/6		8.7/10		26/35
缆芯之间的工频最高电压 U_{max}			3.6		7.2		12		42	
缆芯对地的雷电冲击耐受电压的峰值 U_{pl}					60	75	75	95	200	250

注　括号内的数值只能用于建筑物的电气线路,不包括建筑物电源进线。

电缆设计用缆芯对地（与绝缘屏蔽层或金属护套之间）的额定电压 U_0，应满足所在电力系统中性点接地方式及其运行要求的水平。中性点非有效接地（包括中性点不接地和经消弧线圈接地）系统中的单相接地故障持续时间在 1min~2h 之间，必须选用第 Ⅱ 类的 U_0。仅当系统中的单相接地故障能很快切除，在任何情况下故障持续时间不超过 1min 时才可选用第 Ⅰ 类的 U_0。一般情况下，220/380V 系统只选用第 Ⅱ 类的 U_0，3~35kV 系统应用第 Ⅰ 类的 U_0。

电缆缆芯之间的额定电压 U 应等于或大于系统标称电压 U_0。

电缆设计用缆芯之间的工频最高电压 U_{max} 应按等于或大于系统的最高工作电压选择。

电缆设计用缆芯的雷电冲击耐受电压峰值应按表 8-2 选取。

第二节　低压设备

一　低压配电箱

低压开关屏（柜、箱）数量、规格型号与竣工图纸应相符，命名正确，标识规范齐全。柜体接地应良好，连接规范。

对于户外低压动力柜，加强防风防倒固定措施的设计。如低压动力柜支撑采用梯形支架或在四角焊接外支撑角铁等方式。注意支架高度，为电缆穿线预留空间。同时，需采用防雨设计，采用 IP44 级以上防护等级。

二　低压开关

各类断路器、隔离开关的操作手柄等的开、合位置和状态指示应正确，电气和机械连锁可靠。测量仪表指示应正确，电流互感器变比、容量等符合设计要求，安装规范。

用户提出不使用漏电保护开关时，建议加装漏电保护报警装置。泄漏电流超过一定阈值只报警不跳闸，以便及时发现和排除该线路存在的隐患。

第三节 继电保护

一 基本概念

（一）继电保护定义及装置

继电保护，指由继电保护技术和继电保护装置组成的一个系统。

继电保护装置能够反映系统故障或不正常运行，并且作用于断路器跳闸或发出信号的自动装置，包括主保护、后备保护等。

主保护：反映被保护元件上的故障，并能在较短时间内将故障切除的保护。

后备保护：在主保护不能动作时，该保护动作将故障切除。根据保护范围和装置的不同有近后备和远后备两种方式。近后备：一般和主保护一起装在所要保护的电气元件上，只有当本元件主保护拒绝动作时，它才动作，将所保护元件上的故障切除。远后备：当相邻元件上发生故障，相邻电气元件主保护或近后备保护拒绝动作时，远后备动作将故障切除。

继电保护的作用主要包括 3 个方面：

（1）当电力系统发生故障时，自动、迅速、有选择性地将故障元件从电力系统中切除，使故障元件免于继续遭到破坏，保证其他无故障元件迅速恢复正常运行。

（2）反映电气元件的不正常运行状态，并根据不正常运行的类型和电气元件的维护条件，发出信号，由运行人员进行处理或自动进行调整。

（3）继电保护装置还可以和电力系统中其他自动装置配合，在条件允许时，采取预定措施，缩短事故停电时间，尽快恢复供电，从而提高电力系统运行的可靠性。

继电保护在技术上要满足四个基本要求：可靠性（可靠性包括安全性和信赖性），选择性（选择性是指保护装置动作时，应在可能最小的区间内将故障从电力系统中断开，最大限度地保证系统中无故障部分仍能继续安全运行），速动性，灵敏性。

（二）线路继电保护主要技术要求

对 3~110kV 线路的下列故障或异常运行，应装设相间短路、单相接地、过负荷。

（1）中压线路相间短路保护

相间短路保护装置，宜符合下列要求：

1）中性点非有效接地电网的 3~10kV 线路电流保护装置应接于两相电流互感器上，同一网络的保护装置应装在相同的两相上；20kV 线路电流保护装置应接三相电流互感器。

2）后备保护应采用远后备方式。

3）下列情况应快速切除故障：当线路短路使发电厂厂用母线或重要用户母线电压低于额定电压的 60% 时；线路导线截面积过小，线路的热稳定不允许带时限切除短路时。

4）当过电流保护的时限不大于 0.5~0.7s 时，且无（3）所列的情况，或没有配合上的要求时，可不装设瞬动的电流速断保护。

（2）在 3~20kV 线路装设相间短路保护装置，应符合下列规定：

1）对单侧电源线路可装设两段过电流保护：第一段为不带时限的电流速断保护；第二段为带时限的过电流保护，保护可采用定时限或反时限特性。对单侧电源带电抗器的线路，当其断路器不能切断电抗器前的短路时，不应装设电流速断保护，此时，应由母线保护或其他保护切除电抗器前的故障。

保护装置仅在线路的电源侧装设。

2）对双侧电源线路，可装设带方向或不带方向的电流速断和过电流保护。当采用带方向或不带方向的电流速断和过电流保护不能满足选择性、灵敏性或速动性的要求时，应采用光纤纵联差动保护作主保护，并应装设带方向或不带方向的电流保护作后备保护。

对并列运行的平行线路可装设横联差动保护作为主保护，并应以接于两回线电流之和的电流保护作为两回线同时运行的后备保护及一回线路断开后的主保护及后备保护。

（3）3~20kV 线路经低电阻接地单侧电源线路，除应配置相间故障保护外，还应配置零序电流保护。零序电流保护应设两段，第一段应为零序电流速断保护，时限应与相间速断保护相同；第二段应为零序过电流保护，时限应与相间过电流保护相同。当零序电流速断保护不能满足选择性要求时，也可配置两套零序电流保护。零序电流可取自三相电流互感器组成的零序电流滤过器，也可取自加装的独立零序电流互感器，应根据接地电阻阻值、接地电流和整定值大小确定。

（4）中性点非有效接地网的 35~66kV 线路装设相间短路保护装置，应符合下列要求：

1）电流保护装置应接于两相电流互感器上，同一网络的保护装置应装在相同的两相上；

2）后备保护应采用远后备方式；

3）下列情况应快速切除故障：当线路短路使发电厂厂用母线或重要用户母线电压低于额定电压的 60% 时；线路导线截面积过小，线路的热稳定不允许带时限切除短路时；切除故障时间长，可能导致高压电网产生电力系统稳定问题时；为保证供电质量需要时。

（5）对 3~66kV 中性点非有效接地电网中线路的单相接地故障，应装设接地保护装置，并应符合下列规定：

1）对单侧电源线路可装设一段或两段电流速断和过电流保护，必要时可增设复合电压闭锁元件。

2）当线路发生短路时，使发电电厂用母线电压或重要用户母线电压低于额定电压的 60% 时，应能快速切除故障。

3）对双侧电源线路，可装设带方向或不带方向的电流电压保护。当采用电流电压保护不能满足选择性、灵敏性和速动性要求时，可采用距离保护或光纤纵联差动保护装置作主保护，应装设带方向或不带方向的电流电压保护作后备保护。

4）对并列运行的平行线路可装设横联差动保护作主保护，并应以接于两回线电流之和的电流保护作为两回线路同时运行的后备保护及一回线路断开后的主保护及后备保护。

5）低电阻接地单侧电源线路，可装设一段或两段三相式电流保护；装设一段或两段零序电流保护，作为接地故障的主保护和后备保护。

（6）对 3~66kV 中性点非有效接地电网中线路的单相接地故障，应装设接地保护装置，并应符合下列规定：

1）在发电厂和变电站母线上，应装设接地监视装置，并应动作于信号。

2）线路上宜装设有选择性的接地保护，并应动作于信号。当危及人身和设备安全时，保护装置应动作于跳闸；

3）在出线回路数不多，或难以装设选择性单相接地保护时，可采用依次断开线路的方法寻找故障线路；

4）经低电阻接地单侧电源线路，应装设一段或两段零序电流保护。

（7）3~66kV 线路的继电保护装置见表 8-3。

▼ 表 8-3　　　　　　　　　3~66kV 线路的继电保护配置

被保护线路	保护装置名称					
	无时限或带时限电流电压速断	无时限电流速断保护[1]	带时限速断保护	过电流保护[2]	单相接地保护	过负荷保护
单侧电源放射式单回线路	35~66kV线路装设	重要配电站引出的线路装设	当无时限电流速断不能满足选择性动作时装设	装设	根据需要装设	装设

① 无时限电流速断保护范围，应保证切除所有使该母线残压低于 60% 额定电压的短路。为满足这一要求，必要时保护可无选择地动作，并以自动装置来补救。

② 当过电流保护灵敏系数不满足要求时，采用低电压闭锁过电流保护或复合电压启动的过电流保护。

（三）备自投主要技术要求

1. 备用电源自动投入规范要求

（1）下列情况，应装设备用电源或备用设备的自动投入装置：由双电源供电的变电站和配电站，其中一个电源经常断开作为备用；发电厂、变电站内有备用变压器；接有一级负荷的由双电源供电的母线段；含有一级负荷的由双电源供电的成套装置；某些重要机械的备用设备。

（2）备用电源或备用电源的自动投入装置，应符合下列要求：除备用电源快速切换外，应保证在工作电源断开后投入备用电源；工作电源或设备上的电压，不论何种原因消失，除有闭锁信号外，自动投入装置应延时动作；手动断开工作电源、电压互感器回路断线和备用电源无电压情况下，不应启动自动投入装置；应保证自动投入装置只动作一次；自动投入装置动作后，如备用电源或设备投到故障上，应使保护加速动作并跳闸；自动投入装置中，可设置工作电源的电流闭锁回路；一个备用电源或设备同时作为几个电源或设备的备用时，自动投入装置应保证在同一时间备用电源或设备只能作为一个电源或设备的备用。

（3）自动投入装置可采用带母线残压闭锁或延时切换方式，也可采用带同期检定的快速切换方式。

2. 备用电源自动投入装置接线方式

备用电源自动投入装置在工作电源因故障被断开后自动且迅速地将备用电源投入，简称 AAT。

图 8-1 为备用电源自动投入装置应用的典型一次接线图。正常工作时，母线Ⅲ和母线Ⅳ分别由 T1、T2 供电，分段断路器 QF5 处断开状态。当母线Ⅲ或母线Ⅳ因任何原因失电时，在进线断路器 QF2 或 QF4 断开后 QF5 合上，恢复对工作母线的供电。这种 T1 或 T2 既工作又备用的方式，称暗备用；T1 或 T2 也可工作在明备用的方式。因此，此接线有以下的备用方式：

方式 1：T1、T2 分列运行，QF4 跳开后 QF5 自动合上，母线Ⅲ由 T2 供电。

方式 2：T1、T2 分列运行，QF4 跳开后 QF5 自动合上，母线Ⅳ由 T1 供电。

方式 3：QF5 合上，QF4 断开，母线Ⅲ、Ⅳ由 T1 供电；当 QF2 跳开后，QF4 自动合上，母线Ⅲ和母线Ⅳ由 T2 供电。

方式 4：QF5 合上，QF2 断开，母线Ⅲ、Ⅳ由 T2 供电；当 QF4 跳开后，QF2 自动合上，母线Ⅲ和母线Ⅳ由 T1 供电。

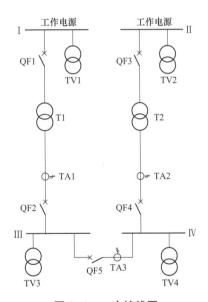

图 8-1　一次接线图

主要技术要求

在民用建筑继电保护技术要求的基础上，根据保供电的重要等级，配置更高要求的继电保护，具体技术要求如下。

（一）民用建筑中继电保护的技术要求

1. 安装要求

电力设备和线路应装设短路故障和异常运行保护装置。电力设备和线路短路故障的保护应有主保护和后备保护，必要时可增设辅助保护。为了便于分别校验保护装置和提高可靠性，主保护和后备保护宜做到回路彼此独立。继电保护装置的接线应简单可靠，并应具有必要的检测、闭锁等措施。保护装置应便于整定、调试和运行维护。

为保证继电保护装置的选择性，对相邻设备和线路有配合要求的保护和同一保护内有配合要求的两元件，其上下两级之间的灵敏性及动作时间应相互配合。当必须加速切除短路时，可使保护装置无选择性动作，但应利用自动重合闸或备用电源自动投入装置，缩小停电范围。

2. 灵敏性要求

继电保护装置应具有必要的灵敏性。各类短路保护装置的灵敏系数不宜低于表8-4规定。

▼ 表 8-4　　　　　　　　　　　　短路保护的最小灵敏系数

保护分类	保护类型	组成元件	最小灵敏系数	备注
主保护	变压器、线路的电流速断保护	电流元件	2.0	按保护安装处短路计算
	电流保护、电压保护	电流、电压元件	1.5	按保护区末端计算
	10kV供配电系统中单相接地保护	电流、电压元件	1.5	
后备保护	近后备保护	电流、电压元件	1.3	按线路末端短路计算
辅助保护	电流速断保护	—	1.2	按正常运行方式下保护安装处短路计算

注　灵敏系数应根据小利的正常运行方式（含正常检修）和不利的故障类型计算。

此外，保护装置与测量仪表不宜共用电流互感器的二次线圈。保护用电流互感器（包括中间电流互感器）的稳态比误差不应大于10%。在正常运行情况下，当电压互感器二次回路断线或其他故障能使保护装置误动作时，应装设断线闭锁或采取其他措施，将保护装置解除工作并发出信号；当保护装置不致误动作时，应设有电压回路断线信号。

最后，在保护装置内应设置由信号继电器或其他元件等构成的指示信号，且应在直流电压消失时不自动复归，或在直流恢复时仍能维持原动作状态，并能分别显示各保护装置的动作情况。

3. 电源要求

当用户10（6）kV断路器台数较多、负荷等级较高时，继电保护应采用直流操作。

直流电源：采用蓄电池组作直流电源时，由浮充电设备引起的波纹系数不应大于5%，电压波动范围不应大于额定电压的 ±5%，放电末期直流母线电压下限不应低于额定电压的85%，充电后期直流母线电压上限不应高于额定电压的115%。

交流电源：采用交流操作的保护装置时，短路保护可由被保护电力设备或线路的电压互感器取得操作电源。变压器的气体保护，可由电压互感器或变电站所用变压器取得操作电源。

交流整流电源：交流整流电源作为继电保护直流电源时，应符合下列要求：

（1）直流母线电压，在最大负荷时保护动作不应低于额定电压的80%，最高电压不应超过额定电压的115%，并应采取稳压、限幅和滤波的措施；电压允许波动应控制在额定电压的 ±5%范围内，波纹系数不应大于5%。

（2）当采用复式整流时，应保证在各种运行方式下，在不同故障点和不同相别短路时，保护装置均能可靠动作。

4.接地要求

当10（6）kV 系统采用中性点经小电阻接地方式时，应设置零序速断保护。零序保护装置动作于跳闸，其信号应接入事故信号回路。

（二）重要用户继电保护主要技术要求

1.线路及变压器

线路：在 10kV 电源进线应配置电流速断保护、带时限过电流保护、零序保护，10kV 母线分段断路器应配置电流速断保护、带时限过电流保护。

变压器：

10kV 侧：在变压器 10kV 侧应配置电流速断保护、带时限过电流保护、零序保护、温度保护（高温动作于信号，超高温动作于跳闸）。

0.4kV 侧：变压器 0.4kV 侧电源出线开关应配置短路保护、过负荷保护、欠电压保护（分励脱扣）；出线应配置短路保护、过负荷保护；母线联络开关应配置短路保护。

2.保护控制

继电保护装置应考虑与供电电网及上、下级的配合。系统保护时限设置应由设计单位与供电部门协商确定后。

10kV 侧：所有 10kV 主备用电源的互投和联络均采用自投不自复的工作方式。并且 10kV 开关柜均采用两个电流互感器，在 L1、L3 相安装，L2 相不设置。所有出线均安装零序电流互感器、变比为 150/5A。

0.4kV 侧：0.4kV 低压进线断路器宜取消失压脱扣器，采用分励脱扣器。进线失压保护信号取自变压器低压出口两组电压继电器信号，延时 2.5~4 秒跳进线断路器，电压值可取 30% U_e 作为无压判据。但应急母线段（配置应急发电机时）不应取消失压脱扣器。低压母联采用自投不自复方式，并加装低压主进开关保护掉闸闭锁母联自投。自投时间应滞后于进线断路器失压脱扣时间不小于 0.5s。

3. 应急发电机启动模式

运行方式：当一路 10kV 市电失电时，急发电机启动处于热备用状态，当另一路 10kV 市电失电时，应急母线段 ATSE（联络切换开关装置）动作，断开市电，投入应急发电机，向应急母线段供电。当任一路市电恢复后，应根据现场情况，采用手动方式退出应急发电机，投入市电。

ATSE 装置：ATSE 装置应有自动 / 手动选择，当设于自动时，只使用自投不自复。当发电机电源经 ATSE 装置接入比赛场的照明负荷时，ATSE 应设于手动位置。当 ATSE 装置所带重要负荷有 UPS 等备用电源设备时，原则上采用手动。

第四节　其他保护

一　变压器保护要求

1. 基本条件

对变压器出现下列故障及异常运行方式时，应装设相应的保护。具体包括：

（1）绕组及其引出线的相间短路和在中性点直接接地侧的单相接地短路；

（2）绕组的匝间短路；

（3）外部相间短路引起的过电流；

（4）干式变压器防护外壳接地短路；

（5）过负荷；

（6）变压器温度升高；

（7）油浸式变压器油面降低；

（8）密闭油浸式变压器压力升高。

2. 配变气体绝缘变压器未规模化使用不同类型变压器的保护要求

这种不适宜用在保供电中密闭油浸式变压器；对于密闭油浸式变压器，当壳内故障压力偏高时应瞬时动作于信号；当压力过高时，应动作于断开变压器各侧断路器；当变压器电源侧无断路器时，可作用于信号。

3. 变压器引出线及短路故障的保护要求

变压器引出线及内部的短路故障应装设相应的保护装置。

通用要求：当过电流保护时限大于 0.5s 时，应装设电流速断保护，且应瞬时动作于断开变压器的各侧断路器。由外部相间短路引起的变压器过电流，可采用过电流保护作为后备保护。保护装置的整定值应考虑事故时可能出现的过负荷，并应带时限动作于跳闸。变压器高压侧过电流保护应与低压侧主断路器短延时保护相配合。

400kVA 及配变要求：①当数台并列运行或单独运行并作为其他负荷的备用电源时，应根据可能过负荷的情况装设过负荷保护。过负荷保护可采用单相式，且应带时限动作于信号。在无经常值班人员的变电站，过负荷保护可动作于跳闸或断开部分负荷。②线圈为三角—星形联结的变压器，可采用两相三继电器式的过电流保护。保护装置应动作于断开变速器的各侧断路器。③三角—星形联结、低压侧中性点直接接地的变压器，当低压侧单相接地短路且灵敏性符合要求时，可利用高压侧的过电流保护，保护装置应带时限动作于跳闸。

其他要求：对变压器温度及油压升高故障，应按现行电力变压器标准的要求，装设可作用于信号或动作于跳闸的保护装置。对于气体绝缘变压器气体密度降低、压力升高，应装设可作用于信号或动作于跳闸的保护装置。

供电线路保护要求

对于可能发生相间短路、单相接地故障或出现过负荷的供电线路，应装设相应的保护装置，对线路进行监控保护。针对供电线路的故障或异常运行方式，制定了相应的保护要求。

1. 相间短路保护

当保护装置由电流继电器构成时，应接于两相电流互感器上；对于同一供配电系统的所有线路，电流互感器应接在相同的两相上；当线路短路使配变电站母线电压低于标称系统电压的 50% ~60% ，以及线路导线截面过小，不允许带时限切除短路时，应快速切除短路；当过电流保护动作时限不大于 0.5~0.7s，且没有本款第 2 项所列的情况或没有配合上的要求时，可不装设瞬动的电流速断保护。

对单侧电源线路可装设两段过电流保护，第一段应为不带时限的电流速断保护，第二段应为带时限的过电流保护，可采用定时限或反时限特性的继电器。保护装置应装在线路的电源侧。

对 10（6）kV 变电所的电源进线，可采用带时限的电流速断保护。

2. 单相接地故障保护

在配电所母线上应装设接地监视装置，并动作于信号；对于有条件安装零序电流互感器的线路，当单相接地电流能满足保护的选择性和灵敏性要求时，应装。设动作于信号的单相接地保护；当不能安装零序电流互感器，而单相接地保护能够躲过电流回路中不平衡电流的影响时，也可将保护装置接于三相电流互感器构成的零序回路中。

3. 过负荷保护

对可能过负荷的电缆线路，应装设过负荷保护。保护装置宜带时限动作于信号，当危及设备安全时可动作于跳闸。

此外，配变电站分段母线宜在分段断路器处装设电流速断、过电流保护装置。分段断路器电流速断保护仅在合闸瞬间投入，并应在合闸后自动解除。分段断路器过电流保护应比出线回路的过电流保护增大一级时限。

三 并联电容器保护要求

1. 基本要求

对于可能出现故障及异常运行方式的 10（6）kV 并联补偿电容器组，应装设相应的保护装置，具体包括：

（1）电容器内部故障及其引出线短路；

（2）电容器组和断路器之间连接线短路；

（3）电容器组中某一故障电容器切除后所引起的过电压；

（4）电容器组的单相接地；

（5）电容器组过电压；

（6）所连接的母线失电压。

对电容器组和断路器之间连接线的短路，可装设带有短时限的电流速断和过电流保护，并动作于跳闸。速断保护的动作电流，应按最小运行方式下，电容器端部引线发生两相短路时，有足够灵敏系数整定。过电流保护装置的动作电流，应按躲过电容器组长期允许的最大工作电流整定。

另外，对电容器内部故障及其引出线的短路，宜对每台电容器分别装设专用的熔断器。熔体的额定电流可为电容器额定电流的 1.5~2.0 倍。

2. 不同接线的电容器组保护

当电容器组中故障电容器切除到一定数量，引起电容器端电压超过110%额定电压时，保护应将整组电容器断开。对不同接线的电容器组可采用下列保护：

（1）单星形接线的电容器组可采用中性导体对地电压不平衡保护；

（2）多段串联单星形接线的电容器组，可采用段间电压差动或桥式差电流保护；

（3）双星形接线的电容器组，可采用中性导体不平衡电压或不平衡电流保护。

此外，电容器组应装设过电压保护，带时限动作于信号或跳闸。电容器装置应设置失电压保护，当母线失电压时，应带时限动作于信号或跳闸。当供配电系统有高次谐波，并可能使电容器过负荷时，电容器组宜装设过负荷保护，并应带时限动作于信号或跳闸。

（四）　备用电源和备用设备保护要求

对于保供电重要用户的备用电源和备用设备可安装自动投入装置。

1. 适用条件

备用电源或备用设备的自动投入装置，可在下列情况之一时装设：由双电源供电的变电站和配电所，其中一个电源经常断开作为备用；变电站和配电所内有互为备用的母线段；变电站内有备用变压器；变电站内有两台所用变压器；运行过程中某些重要机组有备用机组。

2. 技术要求

自动投入装置应能保证在工作电源或设备断开后才投入备用电源或设备；工作电源或设备上的电压消失时，自动投入装置应延时动作；自动投入装置保证只动作一次；当备用电源或设备投入到故障上时，自动投入装置应使其保护加速动作；手动断开工作电源或设备时，自动投入装置不应启动；备用电源自动投入装置中，可设置工作电源的电流闭锁回路。

此外，当民用建筑中备用电源自动投入装置多级设置时，上下级之间的动作应相互配合。继电保护可根据需要采用智能化保护装置或采用变电站综合自动化系统，并宜采用开放式和分布式系统。当所在的建筑物设有建筑设备监控（BA）系统时，继电保护装置应设置与 BA 系统相匹配的通信接口。当必须加速切除短路时，可使保护装置无选择性动作，但应利用自动重合闸或备用电源自动投入装置，缩小停电范围。

第9章
防雷与接地

感应雷触发雷电波入侵、雷击电磁脉冲干扰，进而导致电力系统、通信系统、雷达天线及其他电子信息系统故障或失效，影响军队、政府、学校、医院和企业的正常运行，造成经济损失及产生不良的社会影响。为了避免雷电灾害，设计建造楼房建筑时必须考虑配置必要的防雷装置。在建筑物楼顶安装避雷针，避雷针与接闪器相连，并经过引下线与大楼底下的接地装置相连。设计的目的，在雷电击中建筑物时将巨大的雷电电流引入大地，保护建筑物、人员和设备安全。

本章防雷的内涵、规定、分类和防雷措施进行讲述，并介绍防雷装置涉及的接闪器、引下线和接地装置。

第一节 防雷定义与规定

一 防雷定义

防雷，是通过安装防雷装置的配件，接闪器和引下线，将建筑物楼顶的避雷针与大地下的接地装置相连。组成一整套拦截、疏导雷电巨大的电流释引入大地的措施。目的在于防止由直击雷或雷电产生电磁脉冲对建筑物本身或其内部的人员与设备造成损害，顺利完成保供电任务。

二 防雷设计

开展新建建筑物防雷设计之前，应对当地雷电活动规律有较为清晰的认识。把握雷电活动规律的途径包括寻找当地气象台确定年平均雷暴日数，根据《建筑物、入户设施年预计雷击次数及可接受的年平均雷击次数的计算》的规定，预计建筑物年雷击次数，并实地调查地质、地貌、气象、环境等条件。综合调研反馈结果，根据安全可靠和经济合理的原则，采用先进技术，设计建筑物防雷。新建建筑物防雷宜合理利用建筑物金属结构及钢筋混凝土结构中的钢筋等导体作为防雷装置，不应采用装有放射性物质的接闪器，防雷装置与其他设施和建筑物内人员无法隔离的情况下，装有防雷装置的建筑物，应采取等电位联结。

第二节 防雷措施

一 防雷分类

根据建筑的重要性、使用性质、发生雷电事故的可能性及后果，民用建筑物分为第二类和第三类防雷建筑物见表 9-1 和表 9-2。

▼ 表 9-1 第二类防雷建筑物分类表

第二类防雷措施	高度	超过 100m 的建筑物
	国家级	重点文物保护建筑物
		会堂、办公建筑物、档案馆、大型博展建筑物
		特大型、大型铁路旅客站，国际港口客运站
		国际性的航空港、通信枢纽
		国宾馆、大型旅游建筑物
		计算中心、国家级通信枢纽
	年预计雷击次数	大于 0.06 的部、省级办公建筑物及其他重要或人员密集的公共建筑物
		大于 0.3 的住宅、办公楼等一般民用建筑物

▼ 表 9-2 第三类防雷建筑物分类表

第三类防雷措施	高度	19 层及以上的住宅建筑和高度超过 50m 的其他民用建筑物
		建筑群中最高的建筑物或位于建筑群边缘高度超过 20m 的建筑物
		平均雷暴日大于 15d/a 的地区，高度大于或等于 15m 的烟囱、水塔等孤立的高耸构筑物
		平均雷暴日小于或等于 15d/a 的地区，高度大于或等于 20m 的烟囱、水塔等孤立的高耸构筑物

续表

第三类防雷措施	省级	重点文物保护建筑物及省级档案馆
		大型计算中心和装有重要电子设备的建筑物
	年预计雷击次数	大于或等于 0.012 且小于或等于 0.06 的部、省级办公建筑物
		大于或等于 0.012 且小于或等于 0.06 其他重要或人员密集的公共建筑物
	其他	通过调查确认当地遭受过雷击灾害的类似建筑物
		历史上雷害事故严重地区或雷害事故较多地区的较重要建筑物

二 防雷措施

（一）第二类防雷建筑物的防雷措施

第二类防雷建筑物应采取防直击雷、防侧击和防雷电波侵入的措施见表 9-3。

▼ 表 9-3　　　　　　　　　第二类防雷建筑物的防雷措施

防直击雷的措施	接闪器	宜采用避雷带、避雷网、避雷针或由其混合组成
		引出屋面的金属物体可不装接闪器，但应和屋面防雷装置相连
		在屋面接闪器保护范围之外的非金属物体应装设接闪器，并应和屋面防雷装置相连
	避雷带	避雷带应装设在建筑物易受雷击的屋角、屋脊、女儿墙及屋檐等部位，并应在整个屋面上装设不大于 10m×10m 或 12m×8m 的网格
	避雷针	所有避雷针应采用避雷带或等效的环形导体相互连接
	引下线	防直击雷的引下线应优先利用建筑物钢筋混凝土中的钢筋或钢结构柱
		专设引下线时，其根数不应少于 2 根，间距不应大于 18m，每根引下线的冲击接地电阻不应大于 10Ω
		当利用建筑物钢筋混凝土中的钢筋或钢结构柱作为防雷装置的引下线时，其根数可不限，间距不应大于 18m，但建筑外廓易受雷击的各个角上的柱子的钢筋或钢柱应被利用，每根引下线的冲击接地电阻可不作规定
高度超过 45m 的建筑物防侧击措施	钢筋	建筑物内钢构架和钢筋混凝土的钢筋应相互连接
	防雷装置引下线	应利用钢柱或钢筋混凝土柱子内钢筋作为防雷装置引下线。结构圈梁中的钢筋应每三层连成闭合回路，并应同防雷装置引下线连接
	栏杆门窗金属物	将 45m 及以上外墙上的栏杆、门窗等较大金属物直接或通过预埋件与防雷装置相连
	金属管道	垂直敷设的金属管道及类似金属物应在顶端和底端与防雷装置连接

防雷电波侵入的措施应符合下列6项规定：

（1）为防止雷电波的侵入，进入建筑物的各种线路及金属管道宜采用全线埋地引入，并应在入户端将电缆的金属外皮、钢导管及金属管道与接地网连接。当采用全线埋地电缆确有困难而无法实现时，可采用一段长度不小于 $2 \cdot \rho \cdot 0.5$（m）的铠装电缆或穿钢导管的全塑电缆直接埋地引入，电缆埋地长度不应小于15m，其入户端电缆的金属外皮或钢导管应与接地网连通 [注：ρ 为埋地电缆处的土壤电阻率（$\Omega \cdot m$）]。

（2）在电缆与架空线连接处，还应装设避雷器，并应与电缆的金属外皮或钢导管及绝缘子铁脚、金具连在一起接地，其冲击接地电阻不应大于 10Ω。

（3）年平均雷暴日在30d/a及以下地区的建筑物，可采用低压架空线直接引入建筑物，并应符合下列要求：入户端应装设避雷器，并应与绝缘子铁脚、金具连在一起接到防雷接地网上，冲击接地电阻不应大于 5Ω；入户端的三基电杆绝缘子铁脚、金具应接地，靠近建筑物的电杆的冲击接地电阻不应大于 10Ω，其余两基电杆不应大于 20Ω。

（4）进出建筑物的架空和直接埋地的各种金属管道应在进出建筑物处与防雷接地网连接。

（5）当低压电源采用全长电缆或架空线换电缆引入时，应在电源引入处的总配电箱装设浪涌保护器。

（6）设在建筑物内、外的配电变压器，宜在高、低压侧的各相装设避雷器。当整个建筑物全部为钢筋混凝土结构或为砖混结构但有钢筋混凝土组合柱和圈梁时，应利用钢筋混凝土结构内的钢筋设置局部等电位联结端子板，并应将建筑物内的各种竖向金属管道每三层与局部等电位联结端子板连接一次。防雷接地网应优先利用建筑物钢筋混凝土基础内的钢筋作为接地网。当为专设接地网时，接地网应围绕建筑物敷设成一个闭合环路，其冲击接地电阻不应大于 10Ω。

（二）第三类防雷建筑物的防雷措施

第三类防雷建筑物应采取防直击雷、防侧击和防雷电波侵入的措施。

1.防直击雷的措施应符合下列10项规定

（1）接闪器宜采用避雷带（网）、避雷针或由其混合组成，所有避雷针应采用避雷带或等效的环形导体相互连接。

（2）避雷带应装设在屋角、屋脊、女儿墙及屋檐等建筑物易受雷击部位，并应在整个屋面上装设不大于 $20m \times 20m$ 或 $24m \times 16m$ 的网格。

（3）对于平屋面的建筑物，当其宽度不大于 20m 时，可仅沿周边敷设一圈避雷带。

（4）引出屋面的金属物体可不装接闪器，但应和屋面防雷装置相连。

（5）在屋面接闪器保护范围以外的非金属物体应装设接闪器，并应和屋面防雷装置相连。

（6）防直击雷装置的引下线应优先利用钢筋混凝土中的钢筋。

（7）防直击雷装置的引下线数量和间距要求：防雷装置专设引下线时，其引下线数量不应少于两根，间距不应大于 25m，每根引下线的冲击接地电阻不宜大于 30Ω；当利用建筑物钢筋混凝土中的钢筋作为防雷装置引下线时，其引下线数量可不受限制，间距不应大于 25m，建筑物外廓易受雷击的几个角上的柱筋宜被利用。每根引下线的冲击接地电阻值可不作规定。

（8）构筑物的防直击雷装置引下线可为一根，当其高度超过 40m 时，应在相对称的位置上装设两根。

（9）防直击雷装置的接地网宜和电气设备等接地网共用。进出建筑物的各种金属管道及电气设备的接地网，应在进出处与防雷接地网相连。在共用接地网并与埋地金属管道相连的情况下，接地网宜围绕建筑物敷设成环形。

2. 防雷电波侵入的措施应符合下列 3 项规定

（1）对电缆进出线，应在进出端将电缆的金属外皮、金属导管等与电气设备接地相连。架空线转换为电缆时，电缆长度不宜小于 15m，并应在转换处装设避雷器。避雷器、电缆金属外皮和绝缘子铁脚、金具应连在一起接地，其冲击接地电阻不宜大于 30Ω。

（2）对低压架空进出线，应在进出处装设避雷器，并应与绝缘子铁脚、金具连在一起接到电气设备的接地网上。

（3）进出建筑物的架空金属管道，在进出处应就近接到防雷或电气设备的接地网上或独自接地，其冲击接地电阻不宜大于 30Ω。

第三节　防雷装置

完整的防雷装置包括接闪器、引下线和接地装置。

一　接闪器

接闪器，是指直接接受雷击的避雷针、避雷带（线）、避雷网，以及用作接闪的金属屋面和金属构件等。它与引下线、接地装置有良好的电气连接。其作用是当雷电直接击中它时，雷电流从它的本身通过引下线、接地装置，迅速泄流到大地，从而保护了建筑物和建筑物内的电气设备。

接闪器的设计要求主要包括 8 项要求。

（1）不得利用安装在接收无线电视广播的共用天线的杆顶上的接闪器保护建筑物。

（2）建筑物防雷装置可采用避雷针、避雷带（网）、屋顶上的永久性金属物及金属屋面作为接闪器。

（3）避雷针宜采用圆钢或焊接钢管制成，其直径应符合表 9-4 的规定。

▼ 表 9-4　　　　　　　　　　　　　　避雷针直径表

材料规格 针长、部位	圆钢直径（mm）	钢管直径（mm）
1m 以下	≥ 12	≥ 20
1~2m	≥ 16	≥ 25
烟囱顶上	≥ 20	≥ 40

（4）避雷网和避雷带宜采用圆钢或扁钢，其尺寸应符合表 9-5 的规定。

▼ 表 9-5　　　　　　　避雷网、避雷带及烟囱顶上的避雷环规格表

材料规格 类别	圆钢直径（mm）	扁钢截面积（mm²）	扁管厚度（mm）
避雷网、避雷带	≥ 8	≥ 49	≥ 4
烟囱上的避雷环	≥ 12	≥ 100	≥ 4

（5）对于利用钢板、铜板、铝板等做屋面的建筑物，当符合下列要求时，宜利用其屋面作为接闪器：

1）金属板之间具有持久的贯通连接。

2）当金属板需要防雷击穿孔时，钢板厚度不应小于 4mm，铜板厚度不应小于 5mm，铝板厚度不应小于 7mm。

3）当金属板不需要防雷击穿孔和金属板下面无易燃物品时，钢板厚度不应小于0.1mm，铜板厚度不应小于0.5mm，铝板厚度不应小于0.65mm，锌板厚度不应小于0.7mm。

4）金属板应无绝缘被覆层。

（6）层顶上的永久性金属物宜作为接闪器，但其所有部件之间均应连成电气通路。

（7）接闪器应热镀锌，焊接处应涂防腐漆。在腐蚀性较强的场所，还应加大其截面或采取其他防腐措施。

（8）接闪器的布置及保护范围应符合下列规定：

1）接闪器应由下列各形式之一或任意组合而成：独立避雷针；直接装设在建筑物上的避雷针、避雷带或避雷网。

2）布置接闪器时应优先采用避雷网、避雷带或采用避雷针，并应按表9-6按建筑物的防雷类别布置接闪器规定的不同建筑防雷类别的滚球半径 h_r，采用滚球法计算接闪器的保护范围。

▼ 表9-6 　　　　　　　　　　　　　按建筑物的防雷类别布置接闪器

建筑物防雷类别	滚球半径 h_r（m）	避雷网尺寸
第二类防雷建筑物	45	≤ 10m×10m 或 ≤ 12m×8m
第三类防雷建筑物	60	≤ 20m×20m 或 ≤ 24m×16m

注 滚球法是以 h_r 为半径的一个球体，沿需要防直击雷的部位滚动，当球体只触及接闪器（包括利用作为接闪器的金属物）或接闪器和地面（包括与大地接触能承受雷击的金属物）而不触及需要保护的部位时，则该部分就得到接闪器的保护。滚球法确定接闪器的保护范围应符合现行国家准《建筑物防雷设计规范》（GB 50057—2010）附录的规定。

🔘 引下线

引下线，是从接闪器将雷电流引泄入接地装置的金属导体。装设方式，有设专用金属线沿建筑物外墙明敷；有利用建筑物的金属构件（如消防梯等）、金属烟囱、烟囱的金属爬梯等；有利用建筑物内混凝土中的钢筋。但不管采用何种方式作引下线，均必须满足其热稳定和机械强度的要求，保证强大雷电流通过不熔化。利用建筑物的金属构件作引下线时，应将金属部件之间均应连成电气通路，以防产生反击现象，引起火灾。

引下线的设计要求主要包括7个方面内容。

（1）建筑物防雷装置宜利用建筑物钢筋混凝土中的钢筋或采用圆钢、扁钢作为引下线。

（2）引下线宜采用圆钢或扁钢。当采用圆钢时，直径不应小于 8mm。当采用扁钢时，截面积不应小于 48mm²，厚度不应小于 4mm。对于装设在烟囱上的引下线，圆钢直径不应小于 12mm，扁钢截面积不应小于 100mm² 且厚度不应小于 4mm。

（3）除利用混凝土中钢筋作引下线外，引下线应热镀锌，焊接处应涂防腐漆。在腐蚀性较强的场所，还应加大截面或采取其他的防腐措施。

（4）专设引下线宜沿建筑物外墙明敷设，并应以较短路径接地，建筑艺术要求较高者也可暗敷，但截面应加大一级。

（5）建筑物的金属构件、金属烟囱、烟囱的金属爬梯等可作为引下线，其所有部件之间均应连成电气通路。

（6）采用多根专设引下线时，宜在各引下线距地面 1.8m 以下处设置断接卡。当利用钢筋混凝土中的钢筋、钢柱作为引下线并同时利用基础钢筋作为接地网时，可不设断接卡。当利用钢筋作引下线时，应在室内外适当地点设置连接板，供测量接地、接人工接地体和等电位联结用。当仅利用钢筋混凝土中钢筋作引下线并采用埋于土壤中的人工接地体时，应在每根引下线的距地面不低于 0.5m 处设接地体连接板。采用埋于土壤中的人工接地体时，应设断接卡，其上端应与连接板或钢柱焊接，连接板处应有明显标志。

（7）利用建筑钢筋混凝土中的钢筋作为防雷引下线时，其上部应与接闪器焊接，下部在室外地坪下 0.8~1m 处宜焊出一根直径为 19mm 或 40mm×4mm 镀锌钢导体，此导体伸出外墙的长度不宜小于 1m，作为防雷引下线的钢筋应符合下列要求：

当钢筋直径大于或等于 16mm 时，应将两根钢筋绑扎或焊接在一起，作为一组引下线；

当钢筋直径大于或等于 10mm 且小于 16mm 时，应利用四根钢筋绑扎或焊接作为一组引下线。

三　接地装置

接地装置是指埋设在地下的接地电极与由该接地电极到设备之间的连接导线的总称。接地装置也称接地一体化装置：把电气设备或其他物件和地之间构成电气连接的设备。（建筑电气施工技术）。接地装置由接地极（板）、接地母线（户内、户外）、接地引下线（接地跨接线）、构架接地组成。

第四节 接地

电气工程中的地是指提供或接受大量电荷并可用来作为稳定良好的基准电位或参考电位的物体，一般指大地。电子设备中的基准电位参考点也称为"地"，但不一定与大地相连。

（1）参考地（基准地）是指不受任何接地配置影响、可视为导电的大地的部分，其电位约定为零。大地是指地球及其所有自然物质。局部地是指大地与接地极有电接触的部分，其电位不一定等于零。

（2）接地是指在系统、装置或设备的给定点与局部地之间做电连接。与局部地之间的连接可以是有意的、无意的或意外的；也可以是永久性的或临时性的。

一 接地分类及一般规定

用电设备的接地可分为保护性接地和功能性接地。

1. 保护接地

为了电气安全，将系统、装置或设备的一点或多点接地。

（1）电气装置保护接地。电气装置的外露可导电部分、配电装置的金属架构和线路杆塔等，由于绝缘损坏或爬电有可能带电，为防止其危及人身和设备的安全而设置的接地。

（2）作业接地。将已停电的带电部分接地，以便在无电击危险情况下进行作业。

（3）雷电防护接地。为雷电防护装置（接闪杆、接闪线和过电压保护器等）向大地泄放雷电流而设的接地，用以消除或减轻雷电危及人身和损坏设备。

（4）防静电接地。将静电荷导入大地的接地。如对易燃易爆管道、贮罐以及电子器件、设备为防止静电的危害而设的接地。

（5）阴极保护接地。使被保护金属表面成为电化学原电池的阴极，以防止该表面被腐蚀的接地。

2. 功能接地

（1）出于电气安全之外的目的，将系统、装置或设备的一点或多点接地。

（2）（电力）系统接地。根据系统运行的需要进行的接地，如交流电力系统的中性点接地、直流系统中的电源正极或中点接地等。

（3）信号电路接地。为保证信号具有稳定的基准电位而设置的接地。

3. 一般规定

（1）用电设备保护接地设计，根据工程特点和地质状况确定合理的系统方案。

（2）不同电压等级用电设备的保护接地和功能接地，宜采用共用接地网，除有特殊要求外，电信及其他电子设备等非电力设备也可采用共用接地网。接地网的接地电阻应符合其中设备最小值的要求。

（3）每个建筑物均应根据自身特点采取相应的等电位联结。

▣ 电气装置接地要求

（一）高压电气装置

1. 接地方式

高压系统中性点接地方式的选择要点如下：

（1）中性点直接接地方式。110kV 及 220kV 系统中变压器中性点可直接接地，为限制系统短路电流，在不影响中性点有效接地方式时，部分变压器中性点也可采用不接地方式。

（2）中性点不接地方式。单相接地故障电容电流不超过 10A 的下列电力系统可采用不接地系统，包括所有的 35、66kV 系统，不直接连接发电机的 6~20kV 系统。

2. 一般要求

（1）电力系统、装置或设备应按规定接地。接地装置应充分利用自然接地体，但应校验自然接地体的热稳定性。

（2）不同用途、不同额定电压的电气装置或设备，除另有规定外，应使用一个总的接地网，接地电阻应符合其中最小值的要求。

（3）设计接地装置时，应考虑土壤干燥或降雨和冻结等季节变化的影响，接地电阻、接触电位差和跨步电位差在四季中均应符合要求，但雷电保护接地的接地电阻可只考虑在雷季中土壤干燥状态的影响。

（二）低压电气装置

1. 接地方式

低压配电系统的接地形式可分为 TN、TT、IT 三种系统，其中 TN 系统又可分为 TN–C、TN–S、TN–C–S 三种形式。

2. 一般要求

（1）TN 系统应符合下列 4 项基本要求。

1）在 TN 系统中，配电变压器中性点应直接接地。所有电气设备的外露可导电部分应采用保护导体（PE）或保护接地中性导体（PEN）与配电变压器中性点相连接。

2）保护导体或保护接地中性导体应在靠近配电变压器处接地，且应在进入建筑物处接地。对于高层建筑等大型建筑物，为在发生故障时，保护导体的电位靠近地电位，需要均匀地设置附加接地点。附加接地点可采用有等电位效能的人工接地极或自然接地极等外界可导电体。

3）保护导体上不应设置保护电器及隔离电器，可设置供测试用的只有用工具才能断开的接点。

4）保护导体单独敷设时，应与配电干线敷设在同一桥架上，并应靠近安装采用 TN-C-S 系统时，当保护导体与中性导体从某点分开后不应再合并，且中性导体不应再接地。

（2）TT 系统应符合下列 3 项基本要求。

1）在 TT 系统中，配电变压器中性点应直接接地。电气设备外露可导电部分所连接的接地极不应与配电变压器中性点的接地极相连接。

2）TT 系统中，所有电气设备外露可导电部分宜采用保护导体与共用的接地网或保护接地母线、总接地端子相连。

3）TT 系统配电线路设有接地故障保护。

（3）IT 系统应符合下列 4 项基本要求。

1）在 IT 系统中，所有带电部分应对地绝缘或配电变压器中性点应通过足够大的阻抗接地。电气设备外露可导电部分可单独接地或成组地接地。

2）电气设备的外露可导电部分应通过保护导体或保护接地母线、总接地端子与接地极连接。

3）IT 系统必须装设绝缘监视及接地故障报警或显示装置。

4）在无特殊要求的情况下，IT 系统不宜引出中性导体。

5）IT 系统中包括中性导体在内的任何带电部分严禁直接接地。IT 系统中的电源系统对地应保持良好的绝缘状态。

应根据系统安全保护所具备的条件，并结合工程实际情况，确定系统接地形式。在同一低压配电系统中，当全部采用 TN 系统确有困难时，也可部分采用 TT 系统接地形式。采用 TT 系统供电部分均应装设能自动切除接地故障的装置（包括剩余电流动作保护装置）或经由隔离变压器供电。

（三）保护接地范围

（1）除另有规定外，下列 6 种电气装置的外露可导电部分均应接地：

1）电机、电器、手持式及移动式电器；

2）配电设备、配电屏与控制屏的框架；

3）室内外配电装置的金属构架、钢筋混凝土构架的钢筋及靠近带电部分的金属围栏等；

4）电缆的金属外皮和电力电缆的金属保护导管、接线盒及终端盒；

5）建筑电气设备的基础金属构架；

6）I 类照明灯具的金属外壳。

（2）对于在使用过程中产生静电并对正常工作造成影响的场所，宜采取防静电接地措施。

（3）除另有规定外，下列 3 种电气装置的外露可导电部分可不接地：

1）干燥场所的交流额定电压 50V 及以下和直流额定电压 110V 及以下的电气装置；

2）安装在配电屏、控制屏已接地的金属框架上的电气测量仪表、继电器和其他低压电器；安装在已接地的金属框架上的设备；

3）当发生绝缘损坏时不会引起危及人身安全的绝缘子底座。

（4）下列 4 个部分严禁保护接地。

1）采用设置绝缘场所保护方式的所有电气设备外露可导电部分及外界可导电部分；

2）采用不接地的局部等电位联结保护方式的所有电气设备外露可导电部分及外界可导电部分；

3）采用电气隔离保护方式的电气设备外露可导电部分及外界可导电部分；

4）在采用双重绝缘及加强绝缘保护方式中的绝缘外护物里面的可导电部分。

（5）当采用金属接线盒、金属导管保护或金属灯具时，交流 220V 照明配电装置的线路，宜加穿 1 根 PE 保护接地绝缘导线。

三 接地电阻和接地网

（一）接地电阻

1. 交流电气装置

当配电变压器高压侧工作于小电阻接地系统时，保护接地网的接地电阻应符合式

（9-1）要求：

$$R \leqslant 2000/I \qquad (9-1)$$

式中：R——考虑到季节变化的最大接地电阻，Ω；

　　　I——计算用的流经接地网的入地短路电流，A。

当配电变压器高压侧工作于不接地系统时，高压与低压电气装置共用的接地网的接地电阻应符合式（9-2）要求，且不宜超过 4Ω：

$$R \leqslant 120/I \qquad (9-2)$$

仅用于高压电气装置的接地网的接地电阻应符合式（9-3）要求，且不宜超过10Ω：

$$R \leqslant 250/I \qquad (9-3)$$

式中：R——考虑到季节变化的最大接地电阻，Ω；

　　　I——计算用的接地故障电流，A。

在中性点经消弧线圈接地的电力网中，当接地网的接地电阻按本规范公式计算时，对装有消弧线圈的变电站或电气装置的接地网，其计算电流应为接在同一接地网中同一电力网各消弧线圈额定电流总和的 1.25 倍；对不装消弧线圈的变电站或电气装置，计算电流应为电力网中断开最大一台消弧线圈时最大可能残余电流，并不得小于 30A。

在高土壤电阻率地区，当接地网的接地电阻达到上述规定值，技术经济不合理时，电气装置的接地电阻可提高到 30Ω，变电站接地网的接地电阻可提高到 15Ω。

2. 配电变压器

配电变压器中性点的接地电阻不宜超过 4Ω。高土壤电阻率地区，当达到上述接地电阻值困难时，可采用网格式接地网。

3. 配电装置

（1）当向建筑物供电的配电变压器安装在该建筑物外时，对于配电变压器高压侧工作于不接地、消弧线圈接地和高电阻接地系统，当该变压器的保护接地网的接地电阻符合下列公式要求且不超过 4Ω 时，低压系统电源接地点可与该变压器保护接地共用接地网。电气装置的接地电阻，应符合式（9-4）要求：

$$R \leqslant 50/I \qquad (9-4)$$

式中：R——考虑到季节变化时接地网的最大接地电阻，Ω；

　　　I——单相接地故障电流，A。

低压电缆和架空线路在引入建筑物处，对于 TN-S 或 TN-C-S 系统，保护导体

（PE）或保护接地中性导体（PEN）应重复接地，接地电阻不宜超过10Ω；对于TT系统，保护导体（PE）单独接地，接地电阻不宜超过4Ω；向低压系统供电的配电变压器的高压侧工作于小电阻接地系统时，低压系统不得与电源配电变压器的保护接地共用接地网，低压系统电源接地点应在距该配电变压器适当的地点设置专用接地网，其接地电阻不宜超过4Ω。

（2）向建筑物供电的配电变压器安装在该建筑物内时，对于配电变压器高压侧工作于不接地、消弧线圈接地和高电阻接地系统，当该变压器保护接地的接地网的接地电阻不大于4Q时，低压系统电源接地点可与该变压器保护接地共用接地网。配电变压器高压侧工作于小电阻接地系统，当该变压器的保护接地网的接地电阻符合本规范公式的要求且建筑物内采用总等电位联结时，低压系统电源接地点可与该变压器保护接地共用接地网。保护配电变压器的避雷器，应与变压器保护接地共用接地网。保护配电柱上的断路器、负荷开关和电容器组等的避雷器，其接地导体应与设备外壳相连，接地电阻不应大于10Ω。TT系统中，当系统接地点和电气装置外露可导电部分已进行总等电位联结时，电气装置外露可导电部分可不另设接地网；当未进行总等电位联结时，电气装置外露可导电部分应设保护接地的接地网，其接地电阻应符合式（9-5）要求。

$$R \leqslant 50/I_a \tag{9-5}$$

式中：R——考虑到季节变化时接地网的最大接地电阻，Ω；

I_a——保证保护电器切断故障回路的动作电流，A。

当采用剩余动作电流保护器时，接地电阻应符合式（9-6）要求：

$$R \leqslant 25/I_{\Delta n} \tag{9-6}$$

式中：$I_{\Delta n}$——剩余动作电流保护器动作电流，mA。

IT系统的各电气装置外露可导电部分的保护接地可共用接地网，亦可单个地或成组地用单独的接地网接地。每个接地网的接地电阻应符合式（9-7）要求：

$$R \leqslant 50/I_d \tag{9-7}$$

式中：R——考虑到季节变化时接地网的最大接地电阻，Ω；

I_d一相导体和外露可导电部分间第一次短路故障电流，A。

建筑物的各电气系统的接地宜用同一接地网。接地网的接地电阻，应符合其中最小值的要求。

4.架空线和电缆线路

（1）在低压TN系统中，架空线路干线和分支线的终端的PEN导体或PE导体应重复接地。电缆线路和架空线路在每个建筑物的进线处，宜作重复接地。在装有剩余电流动作保护器后的 PEN 导体不允许设重复接地。除电源中性点外，中性导体（N），不应重复接地。低压线路每处重复接地网的接地电阻不应大于 10Ω。在电气设备的接地电阻允许达到 10Ω 的电力网中，每处重复接地的接地电阻值不应超过 30Ω，且重复接地不应少于 3 处。

（2）在非沥青地面的居民区内，10（6）kV 高压架空配电线路的钢筋混凝土电杆宜接地，金属杆塔应接地，接地电阻不宜超过 30Ω。对于电源中性点直接接地系统的低压架空线路和高低压共杆的线路除出线端装有剩余电流动作保护器者除外，其钢筋混凝土电杆的铁横担或铁杆应与 PEN 导体连接，钢筋混凝土电杆的钢筋宜与 PEN 导体连接。

（3）穿金属导管敷设的电力电缆的两端金属外皮均应接地，变电站内电力电缆金属外皮可利用主接地网接地。当采用全塑料电缆时，宜沿电缆沟敷设 1~2 根两端接地的接地导体。

（二）接地网

1. 接地极选择

在满足热稳定条件下，交流电气装置的接地极应利用自然接地导体。当利用自然接地导体时，应确保接地网的可靠性，禁止利用可燃液体或气体管道、供暖管道及自来水管道作保护接地极。

人工接地极可采用水平敷设的圆钢、扁钢，垂直敷设的角钢、钢管、圆钢，也可采用金属接地板。宜优先采用水平敷设方式的接地极。按防腐蚀和机械强度要求，对于埋入土壤中的人工接地极的最小尺寸不应小于表 9-7 的规定。当与防雷接地网合用时，应符合防雷的有关规定。

▼ 表 9-7　　　　　　　　　　　　　　人工接地极最小尺寸表

材料及形状	最小尺寸			
	直径（mm）	表面积（mm²）	厚度（mm）	镀层厚度（mm）
热镀锌扁钢	—	90	3	63
热浸锌角钢	—	90	3	63
热镀锌深埋钢棒接地极	16	—		63
热镀锌钢管	25	—	2	47
带状裸铜	—	50	2	—
裸铜管	20		2	—

注　表中所列钢材尺寸也适用于敷设在混凝土中。

2. 防腐蚀设计

接地系统的设计使用年限宜与地面工程的设计使用年限一致；接地系统的防腐蚀设计宜按当地的腐蚀数据进行；敷设在电缆沟的接地导体和敷设在屋面或地面上的接地导体，宜采用热镀锌，对埋入地下的接地极宜采取适合当地条件的防腐蚀措施。接地导体与接地极或接地极之间的焊接点，应涂防腐材料。在腐蚀性较强的场所，应适当加大截面。

另外，在地下禁止采用裸铝导体作接地极或接地导体。

3. 导体设计

固定式电气装置的接地导体与保护导体应符合下列4项规定：

交流接地网的接地导体与保护导体的截面应符合热稳定要求。在任何情况下埋入土壤中的接地导体的最小截面积均不得小于表9-8的规定。

▼ 表9-8　　　　　埋入土壤中的接地导体最小截面积　　　　　（mm²）

有无防腐蚀保护		有防机械损伤保护	无防机械损伤保护
有防腐蚀保护	铜	2.5	16
	钢	10	16
无防腐蚀保护	铜	25	
	钢	50	

保护导体宜采用与相导体相同的材料，也可采用电缆金属外皮、配线用的钢导管或金属线槽等金属导体。当采用电缆金属外皮、配线用的钢导管及金属线槽作保护导体时，其电气特性应保证不受机械的、化学的或电化学的损害和侵蚀。不得使用可挠金属电线套管、保温管的金属外皮或金属网作接地导体和保护导体。在电气装置需要接地的房间内，可导电的金属部分应通过保护导体进行接地。包括配线用的钢导管及金属线槽在内的外界可导电部分，严禁用作PEN导体。PEN导体必须与相导体具有相同的绝缘水平。

4. 连接与敷设

在接地网的连接与敷设方面，对于需进行保护接地的用电设备，应采用单独的保护导体与保护干线相连或用单独的接地导体与接地极相连；当利用电梯轨道作接地干线时，应将其连成封闭的回路；变压器直接接地或经过消弧线圈接地、柴油发电机的中性点与接地极或接地干线连接时，应采用单独接地导体。

5. 接地与保护干线

在水平或竖直井道内的接地与保护干线选择方面，电缆井道内的接地干线可选用镀锌扁钢或铜排；电缆井道内的接地干线截面应按下列要求之一进行确定；电缆井道内的接地干线可兼作等电位联结干线；高层建筑竖向电缆井道内的接地干线，应不大于20m与相近楼板钢筋作等电位联结；接地极与接地导体、接地导体与接地导体的连接宜采用焊接，当采用搭接时，其搭接长度不应小于扁钢宽度的2倍或圆钢直径的6倍。

四 临时工程接地要求

（一）基本要求

临时工程在接地方面需满足下列基本要求。

（1）在各个支架和设备位置处，应将接地支线引出地面，支架及支架预埋件焊接要求同管沟预埋。所有电气设备底脚螺丝、构架、电缆支架和预埋铁件等均应可靠接地。各设备接地引出线应与主接地网可靠连接。

（2）接地引线应按规定涂以标识，便于接线人员区分主接地网和避雷网。

（3）接地线引出建筑物内的外墙处应设置接地标志。室内接地线距地面高度不小于0.3m，距墙面距离不小于10mm。接地引上线与设备连接点应不少于2个。

（二）设计要求

1. 室内外接地的设计要求

接地干线应横平竖直，且距墙面高度一致。暗敷在建筑物抹灰层内的引下线应有卡钉分段固定；明敷的引下线应平直、无急弯，与支架焊接处，油漆防腐，且无遗漏。

2. 手持或设备接地要求

手持式电气设备应采用专用保护接地芯导体，且该芯导体严禁用来通过工作电流；手持式电气设备的插座上应备有专用的接地插孔。金属外壳的插座的接地插孔和金属外壳应有可靠的电气连接。

3. 移动式电力设备接地规定

由固定式电源或移动式发电机以TN系统供电时，移动式用电设备的外露可导电部分应与电源的接地系统有可靠的电气连接。在中性点不接地的IT系统中，可在移动式用电设备附近设接地网。移动式用电设备的接地应符合固定式电气设备的接地要求。移动式用电设备在下列情况可不接地：①移动式用电设备的自用发电设备直接放在机械的同一金属支架上，且不供其他设备用电时；②不超过两台用电设备由专用的移动发电机供电，用电设备距移动式发电机不超过 50m，且发电机和用电设备的外露可导电部分之间有可靠的电气连接时。

4. 等电位联结一般规定

（1）整体等电位联结。

民用建筑物内电气装置应采用总等电位联结。PE（PEN）干线，电气装置中的接地母线，建筑物内的水管、燃气管、采暖和空调管道等金属管道，可以利用的建筑物金属构件的导电部分应采用总等电位联结导体可靠连接，并应在进入建筑物处接向总等电位联结端子板。

金属水管、含有可燃气体或液体的金属管道、正常使用中承受机械应力的金属结构、柔性金属导管或金属部件、支撑线的金属部分不得用作保护导体或保护等电位联结导体。

总等电位联结导体的截面不应小于装置的最大保护导体截面积的一半，并不应小于 $6mm^2$。当联结导体采用铜导体时，其截面积不应大于 $25mm^2$；当为其他金属时，其截面应承载与 $25mm^2$ 铜导体相当的载流量。

（2）辅助（局部）等电位联结。

在一个装置或装置的一部分内，当作用于自动切断供电的间接接触保护不能满足规定的条件时，应设置辅助等电位联结；辅助等电位联结应包括固定式设备的所有能同时触及的外露可导电部分和外界可导电部分；连接两个外露可导电部分的辅助等电位导体的截面不应小于接至该两个外露可导电部分的较小保护导体的截面；连接外露可导电部分与外界可导电部分的辅助等电位联结导体的截面，不应小于相应保护导体截面积的一半。

第 10 章
临时工程建设

　　临时供电基建工程是一项复杂化的工程，在施工过程中应全面提升基建工程的整体质量。本节重点介绍设备基础施工以及终端箱、电缆等不同设备安装过程中需要注意的技术问题。

第一节　电缆敷设技术要求

一　电缆支架与桥架安装

（一）工艺要求

　　支、桥架敷设应平直整齐，连接应连续无间断，并应紧贴墙面固定，接口应平直、严密，盖板应齐全、平整、无翘角。

（二）施工工艺要点

1.电缆支架

　　电缆支架的选择是根据设计决定，通常的支架有角钢支架和装配式支架。根据设计图确定安装位置，从始端至终端找好水平或垂直线，用粉线袋沿墙壁、顶棚和地面等处，在线路的中心进行弹线，按照设计图要求及施工验收规范规定，均匀分布支撑点距离并用笔标出具体位置。电缆沟、电缆隧道内，支架层间垂直距离和通道宽度见表 10-1。

▼ 表 10-1　　　　电缆沟、电缆隧道内，支架层间垂直距离和通道宽度表

名称	敷设条件	电缆隧道净高 1.9m	电缆沟（m）	
			沟深 0.6 以下	沟深 0.6 以上
通道宽度	两侧设支架	1.00	0.3	0.5
	一侧设支架	0.9	0.3	0.45
支架层间垂直距离	电力电缆	0.2	0.15	0.15
	控制电缆	0.12	0.1	0.1

支架层间允许最小距离，当设计无要求时，可采用表 10-2 的规定。但层间净距不应小于电缆外径的 2 倍加 10mm。

▼ 表 10-2　　　　　　　　　　支架层间允许最小距离表　　　　　　　　　　（mm）

敷设特征 电缆类型	普通支（吊）架	桥架
10kV 及以下其他绝缘电缆	150~200	250
10kV 交联聚乙烯绝缘电缆	200~250	300
电缆敷设于槽盒内	h+80	h+100

注　h 表示槽盒外壳高度。

电缆支架最上层及最下层至沟顶、楼顶或沟底、地面的距离，当无设计要求时按表 10-3 要求。

▼ 表 10-3　　　电缆支架最上层及最下层至沟顶、楼顶或沟底、地面的最小允许净距表　　　（mm）

敷设方式	电缆沟	电缆隧道	电缆夹层	吊架	桥架	厂房外
最上层至沟顶或楼板	150~200	300~350	300~350	150~200	350~450	—
最下层至沟底或地面	50~100	100~150	200	—	100~150	4500

注　电缆夹层内至少一侧不小于 800mm 宽处，支架与地面净距应不小于 1400mm。

电缆支架间或固定点间的距离，应符合设计要求。当设计无要求时，不应大于表 10-4 所示数值。电缆支架应安装牢固，横平竖直；托架支吊架的固定方式应按设计要求进行。各支架的同层横档应在同一水平面上，其高低偏差不应大于 5mm。

▼ 表 10-4　　　　　　支（吊）架跨距及梯架横支架间距最大允许值　　　　　　（mm）

支架类别	电缆种类	敷设方式		支架类别	电缆种类	敷设方式	
		水平	垂直			水平	垂直
普通（吊）支架	全塑型电力电缆	400	1000	桥架	中低电力电缆	300	400
	除全塑型处的中低压电缆	800	1500		35kV 及以上高压电缆	400	600

在有坡度的建筑物上安装支架应与建筑物有相同的坡度。支架与吊架所用钢材应平直，无明显扭曲。下料后长短偏差应在 5mm 之内，切口处应无卷边、毛刺。电缆支架的长度，在电缆沟内不宜大于 0.35m，在隧道内不宜大于 0.5m。电缆支架应焊接牢固，无明显变形。

安装方式由设计决定，应与土建密切配合安装。电缆支架在电缆沟内的安装方法多种方式：与土建配合施工预埋地脚螺钉固定支架；电缆沟或隧道为钢筋混凝土结构上安装电缆支架，可使用膨胀螺钉与支架固定。

当使用预埋件或预制混凝砌块时，与土建工程配合施工预埋，用焊接固定支架。电缆支架全长均有良好的接地，接地线应在电缆敷设前与支架进行焊接。当电缆支架利用沟的护边角铁作为接地线时，不需要敷设专用的接地线。

2. 电缆桥架

（1）安装要求。支、吊架应根据设计图确定出进户线、盒、箱、柜等电气器具的安装位置，从始端至终端（先干线后支线）找好水平或垂直线，用粉线袋沿墙壁、顶棚和地面等处，在线路的中心进行弹线，按照设计图要求及施工验收规范规定，均匀分布支撑点距离并用笔标出具体位置。电缆桥架应尽可能在建筑物、构筑物（如墙、柱梁、楼板）上安装，与土建专业密切配合。梯架或托盘式桥架（有孔托盘）水平安装时的距地高度一般不宜低于 2.5m，（无孔托盘）距地高度可降低到 2.2m。电缆桥架多层安装时，为了散热和维护及防止干扰的需要，桥架层应留有一定距离。几组电缆桥架在同一高度平行或交叉安装时，各相邻电缆桥架间应考虑维护、检修距离。

电缆桥架与各种管道平行安装时，其净距应符合相应电压等级要求。电缆支架最上层及最下层至沟顶、楼顶或沟底、地面的距离应符合设计要求。电缆桥架转弯处的转弯半径，不应小于该桥架上的电缆最小允许弯曲半径的允许值。支架与吊架安装应安装牢固，保证横平竖直，在有坡度的建筑物上安装支架与吊架应与建筑物有相同的坡度。支架与吊架所用钢材应平直，无明显扭曲，切口处应无卷边、毛刺。

（2）安装流程。第一步，沿着墙壁或顶板根据设计图纸进行弹线定位，标出固定点的位置。第二步，根据支架或吊架承重的负荷，选择相应的膨胀螺钉及钻头，所选钻头的长度应大于膨胀螺钉套管长度。第三步，打孔的深度应以将膨胀螺钉套管长度全部埋入墙内或顶板内后，表面平齐为宜。第四步，应先清除干净打好的孔洞内的碎石，用铁锤将膨胀螺钉敲进洞内，以保证套管与建筑物表面平齐，螺栓端部外露，敲击时不得损伤螺栓的丝扣。第五步，埋好螺栓后可用螺母配上相应的垫圈将支架或吊架直接固定在膨胀螺钉上。第六步先将预埋铁预先放在混凝土上，然后将支架或吊架直接焊接在上面或将工字钢立柱与预埋铁焊接后，才把支架或吊架安装在工字钢立柱上。

（3）组装与接地。电缆桥架直线段和弯通的侧边均有螺栓连接孔。当桥架的直线段之间、直线段与弯通之间需要连接时，可用直线连接板进行连接。有的桥架直线段之间连接时还在侧边内侧使用内衬板。连接两段不同宽度或高度的托盘，梯架可配置变宽连接板或变高板。

托盘、梯架分支、引上、引下处宜有适当的弯通。因受空间条件限制不便装设弯通或有特殊要求时，可使用铰链连接板和连续铰接板。梯架（托盘）连接板的螺栓应紧固，螺母应位于梯架（托盘）的外侧。当直线段钢制电缆桥架超过 30m、铝合金或玻璃钢制电缆桥架超过 15m 时，应有伸缩缝，其连接宜采用伸缩连接板；电缆桥架跨越建筑物伸缩缝处应设置伸缩缝。桥架与桥架连接处均应有接地线连通，支（吊）架与支（吊）架均应有接地线连通，使电缆桥架系统应具有可靠的电气连接并接地。

（4）质量检验。按照电力行业标准《电气装置安装工程质量检验及评定规程　第 5 部分：电缆线路施工质量检验》（DL/T 5161.5—2002）中表 1.0.3 规定执行。

（三）样板图片

电缆支架与桥架安装样板如图 10-1~ 图 10-3 所示。

图 10-1　复合材料电缆支架安装

图 10-2　托臂安装式桥架

图 10-3　吊架安装式桥架

■二　电缆沟与槽盒施工

（一）电缆沟施工

1. 工艺要求

符合设计要求，平直美观。盖板安装板缝紧密平直，无明显进水；沟底排水畅通，无明显积水。

2. 施工工艺要点

（1）土方开挖。沟体挖出的土方应及时外运，不得随意堆放。槽边 1.0m 以内不得堆土，并不得堆料和停置机具。槽边 2m 以外堆土高度不得大于 1.5m。距槽边 0.5m 应搭设防护措施。

施工过程中严格按设计图施工，严禁超挖。如发生超挖，应首先将松动部分清除，然后妥善处理：超挖深度小于 100mm 时，采用原状土或石粉（或粗砂）回填压实至设计标高并夯实；超挖深度再大时，应报监理、设计、建设单位处理。

沟体开挖时，密切注意地下管线、构筑物分布情况，发现问题，应立即停止开挖，并通知设计及监理人员，问题解决后才能继续施工。如出现沟底持力层达不到设计要求时，应报监理、设计、建设单位处理。

（2）人工平整沟底。土方开挖完成后，按现场土质的坚实情况进行必要的沟底夯实处理及沟底整平。

（3）浇捣混凝土垫层。混凝土浇捣前根据设计要求做好钢筋绑扎，经监理验收合格后才能浇捣混凝土。浇筑的混凝土板要平直，浇灌过程中用平板振动器振捣，确保混凝土密实度，并人工找平。

混凝土浇筑方法：混凝土自由下落度应不大于 2m，且均匀铺开。

已浇筑的混凝土强度等级达到 1.2N/mm² 后，方可允许人员在其上走动和进行其他工序。

（4）电缆沟砌筑。砖砌筑前要复测量，确定方向后进行砌筑，砌筑 240mm 墙厚，宜采用灰砂砖，用水泥砂浆砌筑；砖砌筑前应提前 24h 浇水湿润，一般以水进入砖面 15mm 为宜，含水率为 10%~15%，不宜使用含水率达饱和状态的砖砌筑。砌筑砂浆要充分搅拌均匀，确保砂浆质量，砂浆应随拌随用，水泥砂浆必须在拌成 3h 内使用完毕，当施工期间最高温度超过 30℃时，应在拌成后 2h 内使用完毕。超过上述时间的砂浆，严禁使用。

砖砌体要横平竖直，竖缝要错开，灰缝饱满均匀，水平灰缝宜为 10mm，不应小于 8mm，也不应大于 12mm。砌筑宜采用挤浆法，或者采用"三一砌砖法"，即：一铲灰、一块砖、一挤揉并随手将挤出的砂浆刮去。操作时砌块要找平、跟线，如发现有偏差，应随时纠正，严禁事后采用撞砖纠正。砌墙应边砌边将溢出砖墙面的灰浆刮除。电缆支架常采用固定于电缆沟侧墙用于支撑电缆的悬臂式层状型混凝土结构，通过预埋与墙体固定。

（5）混凝土沟壁电缆沟浇注。施工时，应根据电缆走廊走向确定电缆沟位置，复测一遍沟底标高是否满足设计要求。根据图纸尺寸，制作出合适的模板，每隔 600mm×600mm 设置一根拉杆，用拉杆固定好模板，每 1m 设置一对横向支撑，不得出现模板松动的情况。根据模板的实际情况，可选用合适的脱模剂。根据图纸要求，绑扎好钢筋网。每个纵横钢筋交接处，用钢丝拧紧固定；电缆沟底板每隔 1000mm×1000mm 设置一个马镫筋，采用 φ12 钢筋制作马镫筋。

在模板与钢筋网之间，依保护层厚度，每 600mm×600mm 设置一块混凝土垫块。浇注混凝土时，应该控制自由下落高度不得大于 2m，均匀铺开，用振动器具从多个角度振捣。浇注完毕，在混凝土表面进行抹平压光。

（6）压顶梁混凝土浇筑。制安模板应托架牢固、模板平直、支撑合理、稳固及拆卸方便，模板宜采用 18mm 建筑夹板，压脚及支撑采用木方条，为保证电缆沟压顶梁顺直，压顶梁内侧模板可采用槽钢做内模。钢筋绑扎：钢筋规格、品种、间距、搭接、焊接、保护层等应满足设计要求并经监理验收合格。

混凝土浇灌过程中用插入式振动器振捣，混凝土按有关规定取样并送有资质的检验部门实验。

（7）拆模养护。非承重构件的混凝土强度达到 1.2MPa 且构件不缺棱掉角，方可拆除模板。在混凝土浇筑完毕后的 12h 内淋水养护并加以覆盖，淋水次数可根据气温高低作适当调整。在气温较高时，尤其应注意混凝土外露表面不要脱水，普通混凝土养护时间不少于 7 天。

（8）电缆沟内抹灰。抹灰工程必须在砌体结构及压顶梁施工完成，并经有关部门验收合格后才能施工。抹灰工程施工的环境温度不宜低于 5℃。在低于 5℃的气温下施工时，应有保证工程质量的有效措施。抹灰前，应检查抹灰面上的预埋件安装的位置是否正确，与墙体连接是否牢固。

（9）盖板铺设。预制混凝土盖板的原材料、配合比、强度应符合规范要求。盖板表面不得有露筋、蜂窝、麻面、裂缝、破损等现象，外表面光滑、色泽一致。盖板就位时，应调整构件位置，使其缝宽均匀，保证板与板之间的缝隙按设计要求的尺寸内正反面位置正确、平稳、整齐。

（10）沟槽土方回填。采用人工回填，宜采用原石粉（或杂沙石、中砂）分层夯实，每层厚度不应大于 300mm。严禁机械直接推填，防止损坏电缆沟结构。

（11）质量检验。按《混凝土结构工程施工质量验收规范》（GB 50204—2011）、《砌体工程施工质量验收规范》（GB 50203—2011）等相关国家、省、行业、公司的相关规范、规程、规定执行。

3. 样板图片

电缆沟施工示意图如图 10-4 和图 10-5 所示。

图 10-4　电缆沟施工示意图 1

图 10-5　电缆沟施工示意图 2

（二）电缆槽盒施工

1. 工艺要求

符合设计要求，平直美观。盖板安装板缝紧密平直，无明显进水；沟底排水畅通，无明显积水。

2. 施工工艺要点

（1）土方开挖。沟体挖出的土方应及时外运，不得随意堆放。槽边 1.0m 以内不得堆土，并不得堆料和停置机具。槽边 2m 以外堆土高度不得大于 1.5m。距槽边 0.5m 应搭设防护措施。

施工过程中严格按设计图施工，严禁超挖。如发生超挖，应首先将松动部分清除，然后妥善处理：超挖深度小于 100mm 时，采用原状土或石粉（或粗砂）回填压实至设计标高并夯实；超挖深度再大时，应报监理、设计及建设单位处理。

沟体开挖时，密切注意地下管线、构筑物分布情况，发现问题，应立即停止开挖，并通知设计及监理人员，问题解决后才能继续施工。如出现沟底持力层达不到设计要求时，应报施工现场负责人，并由现场负责人向监理、设计、建设单位处理。

（2）人工平整沟底。土方开挖完成后，按现场土质的坚实情况进行必要的沟底夯实处理及沟底整平。

（3）垫层处理。铺筑石粉（粗砂）厚度一般为 100~200mm。应平整、压（夯）实。回填料的密实度应符合设计要求。

（4）安装槽盒。安装槽盒时，应用水平尺控制槽盒的水平度，槽盒每 30m 拉线调直，保证槽盒在同一直线上。槽盒与槽盒间必须紧靠，接口平顺。槽盒在转弯段埋置时，须符合电缆的弯曲半径。电缆敷设前槽盒内填砂约 100mm 厚度，敷设后再填满砂。电缆槽盒安装如图 10-6 所示。

铺设预制盖板时，板缝紧密平直。放置盖板时应防止损伤电缆。

（5）槽盒土方回填。槽盒土方回填宜采用人工回填，并分层夯实，每层厚度不大于 300mm。严禁机械直接推填，防止损坏电缆槽盒结构。

沉底槽盒盖板面应填石粉（粗砂）分层压实。

（6）质量检验。按照《混凝土结构工程施工质量验收规范》（GB 50204—2011）中第 9 部分及《建筑地基基础工程施工质量验收规范》（GB 50202—2011）中第 6 部分的规定执行。

图 10-6　电缆槽盒安装图

3. 样板图片

电缆槽盒施工示意图如图 10-7~ 图 10-9 所示。

图 10-7　电缆壕沟开挖示意图

图 10-8　电缆槽盒施工示意图 1

图 10-9　电缆槽盒施工示意图 2

三　电缆敷设与防火封堵

（一）电缆直埋敷设

1. 工艺要求

电缆敷设要排列整齐。不得有交叉，敷设时牵引绳连接必须牢固，其连接点应选用防捻器，应有足够滑轮或吊轮，确保电缆线芯不变形、绞拧、铠装压扁、护层断裂。在关键部位应有专人监视及要有保护措施。

2. 施工工艺要点

（1）基本要求。使用水平仪测定，确保电缆沟的水平以及沟底距地面的距离满足设计要求。

电缆沟底应平整，并按设计要求铺上软土或沙。电缆敷设完后，上面应盖一层软土或沙，盖上保护盖板。也可把电缆放入预制钢筋混凝土槽盒内填满砂，然后盖上槽盒盖。电缆之间，电缆与其他管道、道路、建筑要求，不得将电缆平行敷设于管道的上方或下方，最小允许净距。电缆与铁路、公路等交叉以及穿过建筑物时，可将电缆穿入电缆管中，以防止电缆受到机械损伤，同时也便于日后拆换电缆。在电缆路径的土壤中，如发现有化学腐蚀、电解腐蚀、白蚁危害等，应采取相应的保护措施。

人工敷设电缆。电缆的人工拉引一般是人力、滚轮和人工相结合的方法，这种方法需要施工人员较多，特别注意的是人员分布要均匀合理，负载适当，并要统一指挥。电缆敷设时，在电缆盘两侧须有协助推盘及负责刹盘滚动的人员。为避免电缆拖伤，可把电缆放在滚轮上，敷设电缆的速度要均匀。在直线段每隔 15~30m 处、电缆接头处、转弯处、进入建筑物等处，应设置明显的方位标志或标桩。

（2）电缆敷设工艺要求。电缆盘就位可用起重机或人工将电缆盘放置指定位置，电缆在装卸的过程中，设专人负责统一指挥，指挥人员发出的指挥信号必须清晰、准确。采用吊车装卸时，装卸电缆盘孔中应有盘轴，起吊钢丝绳套在轴的两端，不应直接穿在盘孔中起吊。人工移动电缆盘前，应检查线盘是否牢固，电缆两端应固定，线圈不应松弛，电缆盘只允许短距离滚动，滚动时滚动方向必须与线盘上箭头指示方向一致。

根据电缆长度和截面，选用的牵引绳长度比电缆长 30~50m。牵引绳接必须牢固。其连接点应选用防捻器。布放电缆滑轮，直线部分应每隔 2.5~3m 设置直线滑轮，确保电缆不与地面摩擦，所有滑轮必须形成直线。弯曲部分采用转弯滑轮，并控制电缆弯曲半径和侧压力。电缆允许最小弯曲半径规定见表 10-5。在关键部位应有专人监视（如转弯位、管口、与其他管道交叉的部位）。

▼ 表 10-5　　　　　　　　　　电缆敷设允许最小弯曲半径

电缆类型	最小弯曲半径	
	单芯	多芯
交联聚乙烯绝缘电缆	12D	10D

注　D 表示电缆外径。

电缆敷设时，不应损坏电缆沟、隧道、电缆井和人井的防水层。电力电缆在终端头与接头附近宜留有备用长度。并联使用的电力电缆，如设计无要求时，其长度、型号、规格应相同。电缆敷设时，可用人力拉引或机械牵引，电缆应从电缆盘的上端引出，不应使电缆在支架上及地面摩擦拖拉。对于较重的电缆盘，应考虑加装电缆盘制动装置。电缆走动时，严禁用手搬动电缆及滑轮。电缆敷设如图 10-10 所示。

图 10-10　电缆敷设图

敷设电缆时，机械敷设电缆速度不宜超过 15m/min，并监测侧压力和拉力不超过允许强度。在较复杂的路径上敷设电缆时，其速度应适当放缓。力电缆在切断后，应将端头立即做好防潮密封，以免水分侵入电缆内部。若电缆沟内并列敷设多条电缆，其中间接头位置应错开。其净距不应小于 0.5m。垂直敷设或超过 45° 倾斜敷设的电缆在每个支架及桥架上每隔 2m 处；水平敷设的电缆，在电缆首末两端及转弯、电缆头的两端处；当对电缆间距有要求时，每隔 5~10m 处；应将电缆加以固定。

电缆敷设后，应及时排列整齐，避免交叉重叠，并在电缆终端、中间接头、电缆拐弯处、管口等地方的电缆上装设标志牌，标志牌上应注明电缆编号、电缆型号、规格与起始地点。沿电气化铁路或有电气化铁路通过的桥梁上明敷电缆的金属护层或电缆金属管道，应沿其全长与金属支架或桥梁的金属构件绝缘。敷设完毕后，应及时清除杂物，盖好盖板。必要时，还要将盖板缝隙密封。对施工完的隧道、电缆沟、竖井、电房出入口、管口进行密封。

3. 样板图片

电缆敷设示意图如图 10-11~ 图 10-13 所示。

图 10-11 电缆盘就位图

图 10-12 直埋电缆敷设示意图

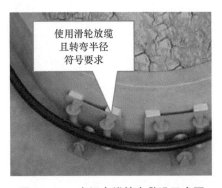

图 10-13 直埋电缆转弯敷设示意图

（二）电缆沟敷设

1. 工艺要求

电缆敷设要排列整齐。不得有交叉，敷设时牵引绳连接必须牢固，其连接点应选用防捻器，应有足够滑轮或吊轮，确保电缆线芯不变形、绞拧、铠装压扁、护层断裂。在关键部位应有专人监视及要有保护措施。

2. 施工工艺要点

电缆沟敷设电缆可用人力或机械牵引，见直埋电缆牵引方式。敷设前，要用抽风机进行排气。电缆在支架敷设时，电力电缆间距为 35mm，但不小于电缆外径尺寸；不同等级电力电缆间及控制电缆间的最小净距为 100mm。

电缆敷设完后，在电缆沟支架排列时按设计要求排列，金属支架应加塑料衬垫。如设计没有要求时应遵循电缆从下向上，从内到外的顺序排列原则。电缆敷设的一般工艺要求（见直埋敷设部分）。

3. 样板图片

电缆沟敷设如图 10-14 所示。

图 10-14　电缆沟敷设示意图

（三）电缆排管敷设

1. 工艺要求

电缆敷设要排列整齐。不得有交叉，敷设时牵引绳连接必须牢固，其连接点应选用防捻器，应有足够滑轮或吊轮，确保电缆线芯不变形、绞拧、铠装压扁、护层断裂。在关键部位应有专人监视及要有保护措施。

2. 施工工艺要点

对设计图纸规定的管孔进行疏通检查，清除管道内可能漏浆形成的水泥结块或其他残留物，并检查管道连接处是否平滑，以确保电缆穿入排管时不遭受伤。必要时应用管道内窥镜探测检查，如图 10-16 所示。

电缆进入排管前，可在其表面涂上与其护层不起化学作用的润滑物。管道口应套以光滑的喇叭管，井坑口应装有适当的滑轮组，以确保电缆敷设牵引时的弯曲半径，减小牵引时的摩擦阻力。排管牵引电缆剖面图如图 10-15 所示。电缆敷设的一般工艺要求（见直埋敷设部分）。

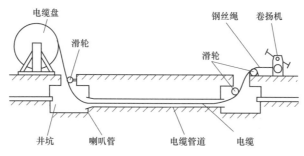

图 10-15 排管牵引电缆剖面图

3. 样板图片

电缆排管敷设如图 10-16~ 图 10-18 所示。

图 10-16 电缆排管敷设示意图 1

图 10-17 电缆排管敷设示意图 2

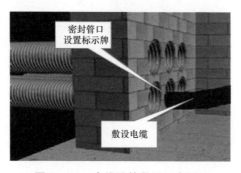

图 10-18 电缆排管敷设示意图 3

（四）电缆桥架敷设

1. 工艺要求

电缆敷设要排列整齐。不得有交叉，敷设时牵引绳连接必须牢固，其连接点应选用防捻器，应有足够滑轮或吊轮，确保电缆线芯不变形、绞拧、铠装压扁、护层断裂。在关键部位应有专人监视及要有保护措施。

2. 施工工艺要点

桥架水平敷设时，应将电缆单层敷设，排列整齐。不得有交叉，拐弯处应按电缆允许弯曲半径为准。不同等级电压的电缆应分层敷设，高压电缆应敷设在最上层。同等级电压的电缆沿桥架敷设时，电缆水平净距不得小于 35mm。电缆敷设排列整齐，水平敷设的电缆，首尾两端、转弯两侧及每隔 5~10m 处设固定点。

垂直敷设前，选好位置，架好电缆盘，电缆的向下弯曲部位用滑轮支撑电缆，在电缆轴附近和部分楼层应设制动和防滑措施；敷设时，同截面电缆应先敷设低层，再敷设高层。如需自下而上敷设，低层小截面电缆可用滑轮绳索人力牵引敷设；高层大截面电缆宜用机械牵引敷设。对于敷设于垂直桥架内的电缆，每敷设一根应固定一根，电缆固定点为 1.5m。电缆敷设的一般工艺要求（见直埋敷设部分）。

3. 样板图片

电缆桥架敷设如图 10-19 所示。

滑轮支撑，人力牵引

图 10-19　电缆桥架敷设示意图

（五）防火封堵

1. 工艺要求

孔洞、保护管口均应封堵，无遗漏。封堵要密实，表面工艺要美观。防火材料涂刷厚度应达到设计要求。

2. 施工工艺要点

防火阻燃材料应符合下列要求：有关检测机构的检测报告、合格证、出厂质量检验报告；有机堵料不氧化、不冒油，软硬适度具有一定的柔韧性；无机堵料无结块、无杂质；防火隔板平整、厚薄均匀；防火包遇水或受潮后不板结；防火涂料无结块、能搅拌均匀；阻火网网孔尺寸大小均匀，经纬线粗细均匀，附着防火复合膨胀料厚度一致。网弯曲时不变形、不脱落，并易于曲面固定。

3. 施工要点要求

施工前，清理现场除去油垢，灰尘和杂物；在电缆穿过竖井、墙壁、楼板或进入电气盘、柜的孔洞处，用防火堵料密实封堵；封堵应严密可靠不应有明显的裂缝和可见的孔隙，堵体表面平整，孔洞较大者应加耐火衬板后再进行封堵；电缆竖井封堵应保证必要的强度；管口封堵严密堵料凸起 2~5mm；有机堵料封堵不应有漏光、漏风、龟裂、脱落、硬化现象；无机堵料封堵不应有粉化、开裂等缺陷。

4. 样板图片

防火封堵安装如图 10-20、图 10-21 所示。

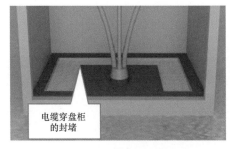

图 10-20　盘柜防火封堵示例　　　　图 10-21　孔洞防火封堵实例

第二节　设备安装技术要求

一　箱式电力变压器安装

1. 设计要求

（1）成品工艺要求。箱体安装水平，高于室外地坪，周围排水通畅。箱体、围栏接地焊接牢固可靠，整体观感美观。

（2）本体安装。箱体调校平稳后，与基础槽钢焊接牢固；或用地脚螺栓固定的应螺母齐全，拧紧牢固。变压器高低压接线应用镀锌螺栓连接，所用的螺栓应有平垫圈和弹簧垫片，螺栓紧固后，螺栓宜露出 2~3 扣。高腐蚀地区，宜采用热镀锌螺栓。电缆终端与母排连接可靠，搭接面清洁、平整、无氧化层，涂有电力复合脂，符合规范要求。裸露带电部分应进行绝缘处理。高、低压电缆沟进出口应进行防火、防小动物封堵。活动的金属门、网门、金属门框等都应进行接地。接地标识应统一并符合供电公司相关标准。

（3）接地安装。箱式电力变压器的箱体应设专用接地导体，该接地导体上应设有与接地网相连的固定连接端子，其数量不少于 3 个，其中高压间隔至少有 1 个，低压间隔至少有 1 个，变压器室至少有 1 个，并应有明显的接地标志，接地端子用铜质螺栓直径不小于 $\phi 12mm$。

不得采用铝导体作为接地体或接地线。当采用扁铜带、铜绞线、铜棒、铜包钢、铜包钢绞线、钢镀铜、铅包铜等材料作接地装置时，其连接应符合《电气装置安装工程接地装置施工及验收规范》（GB 50169—2006）的要求。

（4）设计要求控制点。箱式电力变压器安装设计要求控制点见表 10-6。

▼ 表 10-6　　　　　　　　　箱式电力变压器安装设计要求控制点表

工序	设计要求控制点
箱体接地	箱体与接地网的连接导通电阻不宜大于 0.2Ω

2. 施工工艺要点

箱式电力变压器基础应符合设计要求，高于室外地坪，通风口防护网完好，周围排水通畅。确认箱式电力变压器基础水平度符合设计要求。基础空间必须满足箱式变门的正常开启。箱式电力变压器基础的地网接地电阻不宜大于 4Ω。箱式电力变压器就位后，应对箱内电气设备进行开箱检查，应外观完好、性能可靠，整体密封性良好无渗漏，各部件应齐全完好，箱式电力变压器所有的门可正常开启。箱体调校平稳后，与基础槽钢焊接牢固并做好防腐措施；或用地脚螺栓固定的应螺母齐全，拧紧牢固。箱体外壳及支架应接地或接零可靠，有两点以上明显接地点，且有标识。接地体的焊接面圆钢为单双面焊接、扁钢为四面焊接，焊口可靠、满焊；采用搭接时，搭接长度：圆钢双面焊接为直径的 6 倍、圆钢单面焊接为直径的 12 倍，扁钢为宽度的

2 倍三面焊接。接地体焊接完毕冷却后，应涂上防腐油漆及标识油漆。高低压电缆进出口应进行防火、防小动物封堵。电缆终端部件符合设计要求，电缆终端与母排连接可靠、搭接面清洁、平整、无氧化层，涂有电力复合脂，符合规范要求。变压器高低压接线应用镀锌螺栓连接，所用螺栓应有平垫圈和弹簧垫片，螺栓紧固后，螺栓宜露出 2~3 扣。导线应相色标识正确清晰。应对箱内电气、机械部件进行调试，使设备开关灵活、操动机构动作可靠。电气设备所有电气试验符合电气设备交接试验标准要求。挂标志、警告牌等参照设计图纸及上级单位 10kV 配网验收相关标准及文件的要求设置。

3. 样板图片

箱式变电站吊装样板图如图 10-22 所示，箱式变电站安装完成图如图 10-23 所示。

图 10-22　箱式变电站吊装样板图　　　图 10-23　箱式变电站安装完成图

二　环网柜安装

1. 设计要求

（1）成品工艺要求。设备基础应符合设计要求，户外环网基础应高于室外地坪，周围排水通畅；箱体、围栏接地焊接牢固可靠，标识规范；标志牌、警告牌等设置满足设计图纸及上级单位验收相关标准及文件要求。

（2）设计要求内容。柜体安装应满足垂直度 < 1.5mm/m；水平误差：相邻两柜顶部 2mm，成列柜顶部 < 5mm；盘面误差：相邻两柜边 < 1mm，成列柜面 < 5mm；柜间接缝 < 2mm。

柜体采用焊接或螺栓连接固定在预留基础上。焊接固定时，焊接完后须做防腐处理；螺栓固定时，螺栓完好、齐全，螺栓表面需做防锈处理。

选用焊接固定方式的环网柜基础槽钢应平放，槽钢面高于所在房间的楼地面10mm。柜体就位后将柜体底板钢件与基础槽钢进行点焊固定，焊点＞6mm，焊条采用E43，每个柜体焊点不应小于4个（基础做法如图10-24所示）。

选用螺栓连接固定方式的环网柜基础槽钢应侧放，槽口向里，槽钢面向外，槽钢高于所在房间的楼地面10mm。基础槽钢应根据设备安装螺栓位置现场开孔。柜体就位后将柜体底板钢件与基础槽钢预留螺栓孔通过螺栓连接。每个柜体螺栓连接点不应小于4个（基础做法如图10-25所示）。

基础槽钢采用Q235钢，且均做热镀锌处理。焊接完成后所有焊口做防锈处理，做法为：焊接除渣后先涂红丹漆二遍，再在焊接口涂防锈漆两遍。基础槽钢施工安装要求：水平误差≤1‰，全长总误差≤5mm。

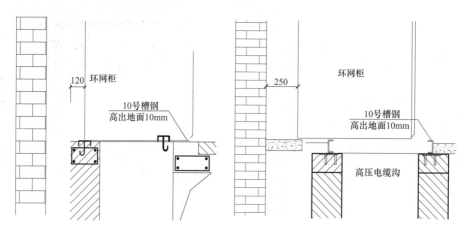

图10-24　环网柜焊接安装图　　　图10-25　环网柜螺栓连接安装图

柜体间用螺栓固定，螺栓完好、齐全，螺栓表面有镀锌处理。

柜内一次回路裸露带电部分对地距离＞125mm，柜内二次回路裸露带电部分对地距离＞8mm。

母线螺栓要用弹簧垫片，螺栓紧固后，宜露出2~3扣，相邻垫片的间隙＞3mm，紧固力矩符合设计及安装说明规定要求见表10-7。

柜体接地宜采用铜芯多股软线接地，其截面积≥6mm²；而柜门用多股软铜导线可靠接地，其截面积≥4mm²；还有柜体与基础连接牢固，有防震垫的柜体接地每段柜有两点以上明显接地点。

▼ 表 10-7　　　　　　　　　　　　螺栓规格力矩值对应表

螺栓规格	力矩值（N·m）	螺栓规格	力矩值（N·m）	螺栓规格	力矩值（N·m）	螺栓规格	力矩值（N·m）
M8	8.8~10.8	M12	31.4~39.2	M16	78.5~98.1	M20	156.9~196.2
M10	17.7~22.6	M14	51.0~60.8	M18	98.0~127.4	M24	274.6~343.2

（3）设计要求控制点。环网柜设计要求控制点见表 10-8。

▼ 表 10-8　　　　　　　　　　　　环网柜设计要求控制点

序号	项目	设计要求
1	环网柜就位、柜体固定安装	柜体安装应满足垂直度 < 1.5mm/m；水平误差：相邻两柜顶部 < 2mm，成列柜顶部 < 5mm；盘面误差：相邻两柜边 < 1mm，成列柜面 < 5mm；柜间接缝 < 2mm
		柜体与基础槽钢焊接固定或螺栓固定。用焊接固定时，焊接完后须做防腐处理；用螺栓固定时，螺栓完好、齐全，螺栓表面有镀锌处理
2	母线安装、环网柜调试	柜内一次回路裸露带电部分对地距离 > 125mm，柜内二次回路裸露带电部分对地距离 > 8mm
		母线螺栓要用弹簧垫片，螺栓紧固后，宜露出 2~3 扣，相邻垫片的间隙应 > 3mm，紧固力矩符合设计及安装说明规定要求，见表 10-7

2. 施工工艺要点

作业流程如图 10-26 所示。

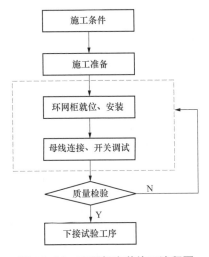

图 10-26　环网柜安装施工流程图

3. 环网柜就位

核对图纸、确定柜的编号、摆放顺序和摆放位置，并检查环网柜附带配件及气压表气压正常。单体柜或组合式环网柜按指定位置摆放。组合环网柜在装卸的过程中，设专人负责统一指挥，指挥人员发出的指挥信号必须清晰、准确。由辅助移动工具或人力搬运，按编号顺序进行柜体就位，将首面柜或首组环网柜按扩展方向延伸摆放。环网柜搬运过程要固定牢靠，以防受力不均，柜体变形或损坏部件。柜体组立调整，与基础间采用 0.5~1mm 补偿垫片进行调整，每处垫片最多不能超过 3 片，各组柜之间应用厂家配置专用螺栓进行紧固连接。

4. 柜体固定安装

柜体间紧固螺栓完好，紧固螺栓表面有镀锌处理，螺栓连接力矩符合不同产品型号规定要求。柜体接地牢固可靠，每段柜有两点以上明显接地，导通良好，焊接长度符合相关要求。环网柜安装后，用连接铜板将各环网柜之间的接地铜板连接起来。柜体间的连接插件接触良好。全密封环网柜安装注意不要破坏气箱防爆片。带高压熔断器的环网柜，其熔丝安装方向箭头指向撞针位置。环网柜防电气误操作的"五防"装置动作灵活可靠。

5. 母线安装

母线及固定装置无尖角、毛刺。硬母线表面光洁平整，不应该有裂纹、皱褶、夹杂物及变形和扭曲现象。螺栓固定的硬母线搭接面应平整，其镀银层不应有麻面、起皮及未覆盖部分，镀银层接触面不得任意研磨，绝缘子应清洁无损伤。全密封环网柜虽各型号不同，连接的屏蔽母线在硅橡胶绝缘材料中加入导电介质实现电场控制。插接式母线安装应在柜体就位后，将两个柜体或两组柜体平衡，插入三相屏蔽母线至柜体触头位置，缓慢平行移动两柜体至母线完全插入、吻合。螺栓受力应均匀，不应使电器的接线端子受到额外应力。母线固定金具与支柱绝缘子间的固定应平整固定，不应使其所支持的母线受到额外应力。母线在密封套管紧固的螺栓上加装均压罩及绝缘套。

上下布置的交流母线由上到下排列为 A、B、C 相，水平布置的交流母线由柜后向柜面排列为 A、B、C 相。在环网柜侧面可扩展的套管口安装绝缘堵头和密封盖，防止灰尘侵入。

6. 环网柜内设备调试

检查确认操动机构的传动部分灵活，各连接螺栓无松动。检查确认弹簧储能完毕后，辅助开关应将电动机电源切除，合闸完毕后，辅助开关自动接通电动机电源。合闸弹簧储能后，牵引杆的下端或凸轮与各合闸锁扣可靠锁紧。分、合闸闭锁装置动作灵活、可靠，复位准确、迅速。机构合闸后，可靠保持在合闸位置，调整弹簧机构缓冲器行程，符合产品的技术规定。机械闭锁、电器闭锁动作准确可靠。检查和调整柜内"五防"装置元件的完整性，确保操作灵活可靠。负荷开关柜样板如图 10-27 所示。

图 10-27 负荷开关柜正面图（左）负荷开关柜侧面图（右）

三 接地与封堵安装

（一）室外接地网

1.设计要求

（1）成品工艺要求。接地干线应横平竖直，且距墙面高度一致。暗敷在建筑物抹灰层内的引下线应有卡钉分段固定；明敷的引下线应平直、无急弯，与支架焊接处，油漆防腐，且无遗漏。

（2）设计要求内容。接地装置由以水平接地体为主，垂直接地极为辅的方式构成，水平接地体选用 $\phi 16$ 热镀锌圆钢或 $50 \times 4mm$ 热镀锌扁钢，垂直接地极选用 $\angle 50 \times 50$ 热镀锌角钢。埋设于土壤内的接地装置应采用热镀锌防腐，加装防腐剂。

接地体（线）焊接应采用搭接焊，并符合以下要求：扁钢为其宽度的 2 倍（且至少有 3 个棱边焊接）；圆钢为其直径的 6 倍；扁钢与圆钢焊接时，其长度为圆钢直径的 6 倍；扁钢与角钢焊接时，应由扁钢弯成直角形（或圆弧形）后再与角钢相焊接，此处的焊接应为双面焊。

接地装置敷设时，水平接地体顶面埋设深度不应小于 0.8m，垂直接地体的间距不宜小于 5m，接地沟内回填砂质黏土，土壤电阻率小于 100Ω，回填后需洒水分层夯实。水平接地体驳接点，水平面与垂地极连接点必须焊接，接口长度不得小于 120mm，焊接厚度不小于 8mm，驳接焊接确定无虚焊、漏焊后，驳接处需除渣并在焊接口涂防锈漆两遍。接地线引上线需采用 ϕ16 镀锌圆钢，预留不小于 200mm 长度引出地面，且每间电房需预留不少于 2 处接地线引上线。接地线横平竖直、工艺美观。裸露接地线的地上部分应涂黄绿相间油漆进行明示，接地漆间隔宽度统一为 50mm 或 100mm。

（3）设计要求控制点

室外接闪网设计要求控制点见表 10-9。

▼ 表 10-9　　　　　　　　　　　　室外接闪网设计要求控制点

序号	项目	设计要求
1	材质	（1）水平接地体采用 ϕ16 热镀锌圆钢或 50×4mm 热镀锌扁钢，垂直接地极选用∠50×50 热镀锌角钢
		（2）接地沟内回填砂质黏土
		（3）裸露接地线的地上部分应涂黄绿相间油漆进行明示
2	距离	（1）接地网埋深不宜小于 0.8m
		（2）水平面与垂地极连接点必须焊接，接口长度不得小于 120mm，焊接厚度不小于 8mm
		（3）人工垂直接地体及水平接地体间的距离不小于 5m
		（4）接地线引上线预留不小于 200mm 长度引出地面
3	接地电阻	接地装置的接地电阻不应大于 4Ω

2. 施工工艺要点

作业流程图如图 10-28 所示。

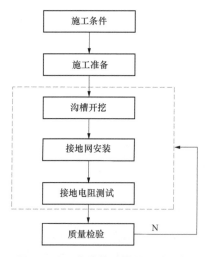

图 10-28　室外接地网作业流程图

沟槽开挖：根据施工图要求及现场接地体的实际布置情况，沿接地体的线路挖深为 0.8~1m，底宽为 0.5m 的沟，沟底清洁干净。

安装接地体（极）：沟挖好后，应及时安装接地体和焊接接地干线。将接地体用锤子打入地中。土质较坚硬时，防止将接地体顶端打劈，可在顶端加护帽或焊一块钢板加以保护。须将垂直接地体顶端打至距离沟底 60mm。

接地体间的干线连接：①接地体（线）的连接应采用焊接，焊接必须牢固无虚焊。接至电气设备上的接地线，可用镀锌螺栓连接；有色金属接地线不能采用焊接时，可用螺栓连接、压接、热剂焊（放热焊接）方式连接。②接地体间的连接干线一般采用镀锌圆钢或镀锌扁铁。采用镀锌扁铁时应将镀锌扁铁调直，侧放于接地体一侧。从接地体一端开始，用接地卡子卡住。接地极与扁铁焊接牢固。搭接长度必须满足设计和规范要求，清除药皮，做好防腐处理。

垂直接地体及水平接地体间平行距离应满足设计要求。垂直接地体间距不宜小于其长度的 2 倍。当无设计规定时不宜小于 5m。

人工接地装置或利用建筑物基础钢筋的接地装置必须在地面以上按设计要求位置设测试点。

接地电阻测试：接地干线的安装完毕，要进行接地电阻测试；接地电阻要求在 4Ω 以下。

3. 样板图片

接闪网样板图片如图 10-29~ 图 10-31 所示。

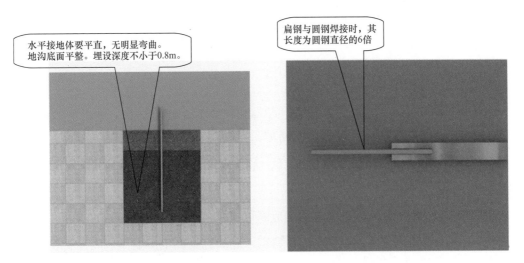

图 10-29　人工接地剖图（左）水平接地体（圆钢）焊接示例（右）

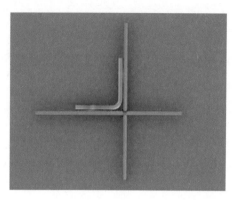

水平与垂地极连接点必需焊接，接口长度不得小于120mm，焊接厚度不小于8mm。

图 10-30　垂直（圆钢）焊接示例（左）水平与垂直接地体连接示例（右）

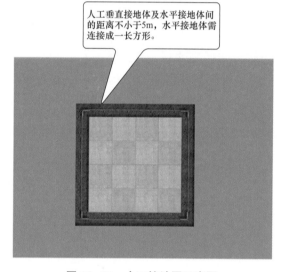

人工垂直接地体及水平接地体间的距离不小于5m，水平接地体需连接成一长方形。

图 10-31　人工接地网示意图

（二）室内接地带安装

1. 设计要求

接地干线应横平竖直，且距墙面高度一致。暗敷在建筑物抹灰层内的引下线应有卡钉分段固定；明敷的引下线应平直、无急弯，与支架焊接处，油漆防腐，且无遗漏。

（1）设计要求内容。建筑物内的接地网可以采用暗敷的方式，在适当的位置留有接地端子。水平接地带采用40×5镀锌扁钢，环绕整个配电房墙体一周，安装高度为300mm。接地带用 M12×110mm 膨胀螺丝固定于电房墙体之上，并需离墙15mm。地网连接点采用焊接处理，焊接口长度不得小于 120mm，焊接后除渣并在焊接口涂防锈漆两遍。建筑物地网应不少于有两处连接点引入配电站接地带，明敷的水平接地带需涂上 100mm 黄绿相间的油漆。引线及连接线使用 ϕ16 镀锌圆钢材料。

（2）设计要求控制点。室内接地带安装设计要求控制点见表 10-10。

▼ 表 10-10　　　　　　　　室内接地带安装设计要求控制点表

序号	项目	设计要求
1	材质	（1）水平接地带选用 40×5mm 热镀锌扁钢
		（2）引线及连接线使用 ϕ16 镀锌圆钢材料
		（3）明敷的水平接地带需涂上 100mm 黄绿相间的油漆
2	距离	（1）水平接地带选用 40×5mm 热镀锌扁钢
		（2）引线及连接线使用 ϕ16 镀锌圆钢材料
		（3）明敷的水平接地带需涂上 100mm 黄绿相间的油漆
3	接地电阻	接地装置的接地电阻不应大于 4Ω

2. 施工工艺要点

作业流程如图 10-32 所示。

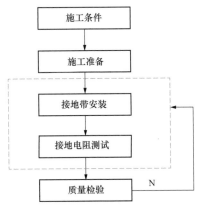

图 10-32　室内接地带安装流程图

利用结构圈梁里的主筋做均压环时，应将不少于两根的主筋焊成闭合环路，并与每个防雷引下线焊接牢固。在金属门窗处留出与金属门窗的连接头（不少于两点）。设备每个接地部分应以单独的接地线与接地干线相连接。严禁在一个接地线中串接两个或两个以上需要接地的部分。不得采用铝导体作为接地体或接地线。当采用扁铜带、铜绞线、铜棒、铜包钢、铜包钢绞线、钢镀铜、铅包铜等材料作接地装置时，其连接应符合《电气装置安装工程接地装置施工及验收规范》（GB 50169—2016）的要求。由基础槽钢焊接 ϕ12 圆钢，沿柜坑支承砖柱至坑底，然后沿柜前或柜后坑底敷设，再接通室内接地带。接地线引上线需采用 ϕ16 镀锌圆钢，预留不小于 200mm 长度引出地面，且每间电房需预留不少于 2 处接地线引上线。接地装置的接地电阻不应大于 4Ω。

3. 样板图片

样板水平接地带安装示意图如图 10-33 所示。

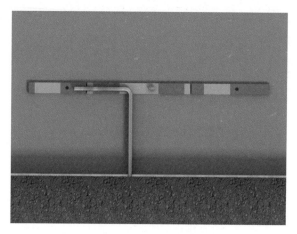

图 10-33 水平接地带安装示意图

（三）消防、防火、防小动物封堵

1. 设计要求

（1）成品工艺要求。消防设施安装位置合理，标识齐全规范；门窗密封完好，网状遮栏、门窗缝隙及其他与户外连通的孔洞，其间隙应不大于 5mm。

（2）设计要求内容。在含油设备的配电房宜选用悬挂式干粉自动灭火装置，不含油设备配电房宜选用手提储压式干粉灭火器。电房室内配置的灭火器，采用的型号、重装量、配置位置及数量应严格执行规范要求。

室内手提式灭火器均应设置在灭火器箱内，灭火器箱主要包括两种形式：与室内消火栓箱组合设置的消防柜；独立灭火器箱。

独立灭火器箱主要由箱体、箱门、箱脚等部件组成，采用有翻盖式灭火器箱。灭火器箱应同时放置灭火器及防毒面具，灭火器箱的容量应与放置灭火器及防毒面具的数量相配套。灭火器箱开门方式为正上方开启，正立面门上应有"灭火器""火警 119"醒目标志，字体采用白色。灭火器箱应采用钢板制作，禁止现场加工，应采购成品，由专业生产厂家加工制作。灭火器箱型号应一致，不应采用多样化配置。灭火器箱体应为红色。

　　进入房内的电缆宜涂上防火涂料，电缆进入柜、屏、台、箱等孔洞宜采用有机和无机防火堵料相互结合充填，有机堵料宜在电缆周围充填并适当预留，洞口两侧的非耐燃或难燃型电缆宜采用自粘性防火包带或刷防火涂料。

　　凡穿越楼板的电缆孔、洞都应采用无（有）机防火堵料，洞口用 12mm 防火板覆盖，用膨胀螺栓固定，在出线处用有机堵料做线脚呈几何图形。防火隔板或阻火包进行封堵，其封堵厚度不应小于 100mm，宜与楼板厚度齐平。所有设备室可开启窗及风机等孔洞都要设置固定的纱网，纱网应采用不锈钢或铝合金制作，纱网网孔净宽不大于 5mm，网丝直径不小于 1mm。配电站通往外面的门口设防鼠板，挡板两侧墙上贴上不低于 700mm 高瓷片，且在两边靠墙处加装各一块不锈钢板，防止老鼠从侧边爬进。户内防鼠网必须采用不锈钢板网，用螺钉及平铁板固定在防鼠网框上，以便更换。电缆进出口孔洞封堵立面图如图 10-34 所示。

　　电缆进入柜体以下 3~4m 范围内，缠绕 3M 77 号防火抗电弧胶带，以防火灾蔓延。

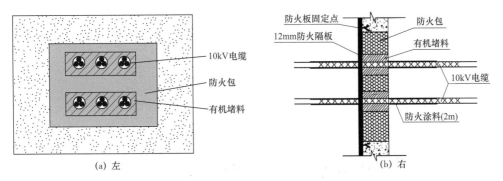

图 10-34　电缆进出口孔洞封堵立面图

（3）设计要求控制点。

消防、防火防小动物封堵设计要点 F 控制点见表 10-11。

▼ 表 10-11　　　　　　　　消防、防火防小动物封堵设计要点控制点

序号	项目	设计要求
1	灭火器安装	（1）在含油设备的配电房宜选用悬挂式干粉自动灭火装置，不含油设备配电房宜选用手提储压式干粉灭火器
		（2）悬挂式灭火器在变压器上方两侧吊装（两灭火器中心距 1.8m），吊装高度离变压器 1.5m

续表

序号	项目	设计要求
2	安装防火隔板	（1）凡穿越楼板的电缆孔、洞都应采用无（有）机防火堵料，洞口用12mm防火板覆盖，用膨胀螺栓固定，在出线处用有机堵料做线脚呈几何图形
		（2）防火隔板或阻火包进行封堵，其封堵厚度不应小于100mm，宜与楼板厚度齐平
		（3）电缆进入柜体以下3~4m范围内，缠绕3M 77号防火抗电弧胶带，以防火灾蔓延
3	防小动物封堵	（1）电房门脚应装防小动物挡板，防小动物挡板规格（高450mm×门宽×厚8mm）。挡板两侧墙上贴上不低于700mm高瓷片，且在两边靠墙处加装各一块不锈钢板，防止老鼠从侧边爬进
		（2）电房窗加装防小动物不锈钢网（规格5mm×5mm×1mm）

2. 施工工艺要点

施工流程如图10-35和图10-36所示。

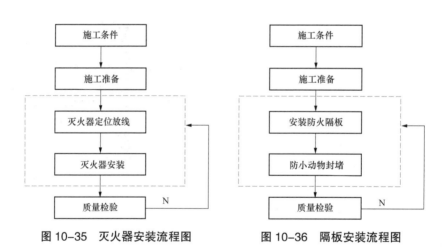

图 10-35　灭火器安装流程图　　　　图 10-36　隔板安装流程图

灭火器外观应注明"灭火器"成分、电站名称、编号。当灭火器箱内放置泡沫灭火器时，其上部放置"不适用于电火"标志。灭火器铭牌朝外。灭火器定位于经常有人走过的房内边墙、走廊、楼梯间、疏散通道及各种出入口等且无物品阻塞之处，其基本要点：位置明显；便于取用；不影响安全疏散，当灭火器箱的箱门或箱盖打开时，也不得妨碍人员行走和安全疏散。悬挂式灭火器在变压器上方两侧吊装（两灭火器中心距1.8m），吊装高度离变压器1.5m；按灭火装置保护半径配置悬挂数量或按设计图配置数量。安装需牢固可靠，安装角钢支架等钢构件都应在除锈后涂防锈漆 2 道，裸露部分需再涂 2 道面漆。

　　配电房与房外电缆沟的预留洞口，应以密实耐火板隔开。耐火板按设计图的要求选用。防火隔板安装时，冲击钻电缆要加强使用前及使用过程中的检查，保护中性线与工作中性线不得混接，开关箱、漏电保护器灵敏可靠，漏电保护器参数应匹配，严格执行"一机、一闸、一漏、一箱"的要求。

3. 样板图片

　　消防防火防小动物封堵样板如图 10-37 和图 10-38 所示。

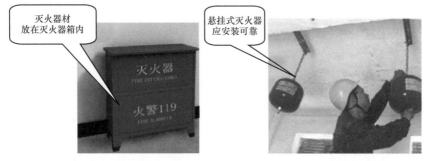

图 10-37　灭火器箱效果图（左）悬挂式灭火器效果图（右）

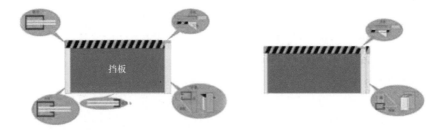

图 10-38　门框内侧安装防鼠板示意图（左）门框外侧安装防鼠板示意图（右）

第三节　临时工程其他技术要求

一　自备发电机组

　　发电机组及其控制、配电、修理室等可分开设置；在保证电气安全距离和满足防火要求情况下可合并设置。

发电机组的排烟管道必须伸出室外。发电机组及其控制、配电室内必须配置可用于扑灭电气火灾的灭火器，严禁存放贮油桶。

发电机组电源必须与外电线路电源连锁，严禁并列运行。

发电机组应采用电源中性点直接接地的三相四线制供电系统和独立设置 TN-S 接零保护系统，其工作接地电阻值应符合条现行行业标准《民用建筑电气设计规范》。

发电机控制屏宜装设下列仪表：交流电压表；交流电流表；有功功率表；电能表；功率因数表；频率表；直流电流表。

发电机供电系统应设置电源隔离开关及短路、过载、漏电保护电器。电源隔离开关分断时应有明显可见分断点。

发电机组并列运行时，必须装设同期装置，并在机组同步运行后再向负载供电。

二 吊装要求

1. 起重机械

起重机械应满足起重施工方案中性能和型式等方面的要求。

起重机械安装完毕后，应当按照安装使用说明书及安全技术标准的有关要求对起重机械进行自检调试和试运转。自检合格的，应当出具自检合格证明。

属于特种设备的起重机械，必须通过检验机构的检验并经检验合格，方可从事相关作业。不属于特种设备的起重机械，应有生产厂家出具的相关合格证明材料。

起重机械作业前应进行以下检查：外观、金属结构、主要零部件、安全保护和防护装置、液压及电气系统、司机室、大型起重机械安全监控管理系统等。

2. 吊索具

吊索具应由有资质的单位设计与制造，应有合格证明材料，索具上的标牌或标识应清晰，外观无缺陷，施工单位和管理单位应进行检查验证，使用期间应按照设计或制造厂家的要求定期进行检查验证，现场插编钢丝绳插编方法应满足《钢丝绳吊索　插编索扣》（GB/T 16271—2009）要求，首次使用前验收合格，每次使用前应进行外观检查。

合成纤维吊装带使用前应进行安全检查，确保表面无擦伤、割口、承载芯裸露、化学侵蚀、热损伤或摩擦损伤、端配件损伤或变形等缺陷。

现场加工的吊耳应经过设计计算，焊接工艺、焊缝检测方法及结果应符合《钢的弧焊接头　缺陷质量分级指南》（GB/T 19418—2003）中 C 级焊缝的相关要求。

外购专用工器具（如平衡梁、滑道、千斤顶、手拉葫芦等）应具有合格证明材料，工器具上的标牌或标识应清晰，外观无缺陷。自行设计、制作的应经计算校验合格。

使用滚杠进行拖运施工，应对滚杠承载能力及最小使用数量进行验算。

地锚应严格按照施工方案要求进行设置，并标明承载能力。

三　现场照明

1. 一般规定

在坑、洞、井内作业、夜间施工或厂房、道路、仓库、办公室、食堂、宿舍、料具堆放场及自然采光差等场所，应设一般照明、局部照明或混合照明；在一个工作场所内，不得只设局部照明；停电后，操作人员需及时撤离的施工现场，必须装设自备电源的应急照明。

现场照明应采用高光效、长寿命的照明光源。对需大面积照明的场所，应采用高压汞灯、高压钠灯或混光用的卤钨灯等。

照明器的选择必须按下列环境条件确定：正常湿度一般场所，选用开启式照明器；潮湿或特别潮湿场所，选用密闭型防水照明器或配有防水灯头的开启式照明器；含有大量尘埃但无爆炸和火灾危险的场所，选用防尘型照明器；有爆炸和火灾危险的场所，按危险场所等级选用防爆型照明器；存在较强振动的场所，选用防振型照明器；有酸碱等强腐蚀介质场所，选用耐酸碱型照明器。

照明器具和器材的质量应符合国家现行有关强制性标准的规定，不得使用绝缘老化或破损的器具和器材。

无自采光的地下大空间施工场所，应编制单项照明用电方案。

2. 照明供电

（1）供电电压。一般场所宜适用额定电压为220V的照明器，下列特殊场所应使用安全特低电压照明器：隧道、人防工程、高温、有导电灰尘、比较潮湿或灯具离地面高度低于2.5m等场所的照明，电源电压不应大于36V；潮湿和易触及带电体场所的照明，电源电压不得大于24V；特别潮湿场所、导电良好的地面、锅炉或金属容器内的照明，电源电压不得大于12V。

远离电源的小面积工作场地、道路照明、警卫照明或额定电压为12~36V照明的场所，其电压允许偏移值为额定电压值的 –10%~5%；其余场所电压允许偏移值为额定

电压值的 ±5%。

（2）行灯要求。使用行灯电源电压不大于 36V，灯体与手柄应坚固、绝缘良好并耐热耐潮湿，灯头与灯体结合牢固、灯头无开关，灯泡外部有金属保护网，金属网、反光罩、悬吊挂钩固定在灯具的绝缘部位上。

（3）照明变压器。照明变压器必须使用双绕组型安全隔离变压器，严禁使用自耦变压器。照明系统宜使三相负荷平衡，其中每一单相回路上，灯具和插座数量不宜超过 25 个，负荷电流不宜超过 15A。携带式变压器的一次侧电源线应采用橡皮护套或塑料护套铜芯软电缆，中间不得有接头，长度不宜超过 3m，其中绿 / 黄双色线只可用 PE 线使用，电源插销应有保护触头。

（4）导线截面选择。单相二线及二相二线线路中，中性线截面与相线截面相同；三相四线制线路中，当照明器为白炽灯时，中性线截面不小于相线截面的 50%；当照明器为气体放电灯时，中性线截面按最大负载相的电流选择；在逐相切断的三相照明电路中，中性线截面与最大负载相的相线截面相同。

3. 照明装置

（1）装置要求。照明灯具的金属外壳必须与 PE 线相连接，照明开关箱内必须装设隔离开关、短路与过载保护电器和漏电保护器。

室外 220V 灯具距地面不得低于 3m，室内 220V 灯具距地面不得低于 2.5m。

普通灯具与易燃物距离不宜小于 300mm；聚光灯、碘钨灯等高热灯具与易燃物距离不宜小于 500mm，且不得直接照射易燃物。达不到规定安全距离时，应采取隔热措施。

路灯的每个灯具应单独装设熔断器保护。灯头线应做防水弯。

荧光灯管应采用管座固定或用吊链悬挂，荧光灯的镇流器不得安装在易燃的结构物上。

碘钨灯及钠、铊、铟等金属卤化物灯具的安装高度宜在 3m 以上，灯线应固定在接线柱上，不得靠近灯具表面。

投光灯的底座应安装牢固，应按需要的光轴方向将枢轴拧紧固定。

（2）灯头及接线要求。螺口灯头及其接线应符合下列要求：灯头的绝缘外壳无损伤、无漏电；相线接在与中心触头相连的一端，中性线接在与螺纹口相连的一端。灯具内的接线必须牢固，灯具外的接线必须做可靠的防水绝缘包扎。

（3）开关位置要求。暂设工程的照明灯具宜采用拉线开关控制，开关安装位置宜符合下列要求：拉线开关距地面高度为 2~3m，与出入口的水平距离为 0.15~0.2m，拉线的出口向下；其他开关距地面高度为 1.3m，与出入口的水平距离为 0.15~0.2m。灯具的相线必须经开关控制，不得将相线直接引入灯具。

4. 其他照明要求

对夜间影响飞机或车辆通行的在建工程及机械设备，必须设置醒目的红色信号灯，其电源应设在施工现场总电源开关的前侧，并应设置外电线路停止供电时的应急自备电源。

第 11 章
重要场所供电风险评估

重要场所包括纳入每次保供电任务的场所，如政府机关、医院、交通枢纽、金融机构、重大活动等场所，它们的正常运行直接关系到社会秩序和公众生活的安全以及重大活动的顺利举办。然而，面对日益复杂多变的电力供应环境，这些场所也面临着各种潜在的风险和威胁，如自然灾害、设备故障、人为破坏等。为了确保重要场所的持续供电和安全运行，风险评估技术成为必不可少的工具。风险评估技术通过系统性地分析和评估各种潜在风险的可能性和影响程度，帮助相关部门和机构制定有效的应对措施和应急预案。这些技术包括但不限于电力系统可靠性评估、灾害风险评估、应急物资准备评估等。

本章将介绍保供电的重要场所风险评估技术的评估方法、评估维度和评估工具。首先，分别按照评估实施、评分方式、评价结果对风险评估的方法展开叙述。其次，通过六个方面阐述风险评估维度。最后以架构、使用流程、特点为框架介绍风险评估的评估工具。

第一节 评估方法

重要保供电场所供电安全风险评估按照安全生产风险管理体系 SECP 审核方法，从 S（策划）、E（执行）、C（依从）和 P（绩效）4 个方面，系统检查重要保供电场所供电安全风险管控情况。

重要保供电场所供电安全风险评估工作应尽早开展，特大型国际文体活动保供电的风险评估工作宜至少提前 1 个月开展，其他重大活动保供电的风险评估工作宜至少提前两周开展。每个重要保供电场所宜安排不超过 1 天进行现场评估，全部场所完成一次全面评估工作不宜超过 3 天。重要保供电场所供电安全风险评估工作总结应纳入保供电工作总结。

评估对象为重要保供电场所及为其供电的输配电线路、变电站和配电房。

一　评估实施

评估实施主要包括开展现场评估、反馈评估结果、形成风险评估报告。对每个场所的评估严格按现场查评、评分、评价、小结四个环节进行。按供电电源、设备设施、组织保障、应急准备、物资装备、现场环境等不同维度进行现场检查，记录现状和存在的问题。根据现场检查情况，以小组讨论的方式，对照评价标准进行打分。根据得分，对照评价标准，给出供电安全评价结论。每个重要保供电场所评估结束后，及时对评估结果、好的方面、存在问题及改进建议进行小结。评估工作结束后及时召开评估情况反馈会，将评估初步结果反馈给评估对象、运行维护单位和保供电工作组。评估工作组于评估工作结束后 3 个工作日内提交风险评估报告。

各评估对象、运行维护单位根据评估发现问题及时进行整改，对于确实难以立即整改的问题制定有效的临时控制措施及整改计划，保供电工作组对发现问题整改情况进行跟踪。整改完成后确保全部保供电场所评价为达标或基本达标。须在保供电实施前一周完成整改工作，以便进行复评或查验审核。整改工作结束后，根据实际情况在一周内完成开展现场复评或资料查验等相关工作。现场复评或资料查验主要结合发现问题的整改情况进行检查。

二　评分方式

每个评估项目采用 100 分制，根据评估项目对供电安全的重要性分配权重，供电电源、设备设施、组织保障、应急准备、物资装备、现场环境的权重分别为 30%、35%、10%、10%、5%、10%。每个评估项目的得分按重要性的不同分配给子项目和分子项目。

每个子项目得分 = 该子项目所属所有分子项目得分之和；每个项目得分 = 该项目所属所有子项目得分之和；重要保供电场所评估得分 = 项目 1 得分 × 项目 1 权重 +⋯+ 项目 6 得分 × 项目 6 权重。

三　评价结果

根据 123 个分子项目评估得分，用"绿色、黄色、红色"表示分子项目的评价结果。

绿色（表示符合或高于规程标准要求）：项目得分大于或等于 90 分。

黄色（表示存在低风险问题，影响安全供电概率小）：项目得分不足 90 分，但大于或等于 80 分。

红色（表示存在风险问题，影响安全供电概率大）：项目得分小于 80 分。

根据每个重要保供电场所的评估情况，用"达标""基本达标""不达标"表示重要保供电场所评价结果。

达标：全部分子项目评价均为绿色，且特级、一级保供电任务核心保供电场所带★标识的分子项目评分为 100 分。

基本达标：分子项目评价不存在红色项目，且特级、一级保供电任务核心保供电场所带★标识的分子项目评价均为绿色。

不达标：分子项目评价存在红色项目，或特级、一级保供电任务核心保供电场所带★标识的分子项目评价存在非绿色项。

第二节　评估维度

一　供电电源评估

供电电源评估主要查评市电供电电源与用户自备电源配备情况。

1. 市电供电电源

对市电供电电源情况的评估主要包括四项指标，具体如表 11-1 所示。

▼ 表 11-1　　　　　　　　市电供电电源评估指标表

序号	评估指标	检查方法
1	评估电网对保供电对象的可靠程度	通过查阅供电设计方案及审查记录和供用电合同或用电报装记录，检查电网供电的冗余情况（特殊情况下配置应急电源车作为补充措施）
2	评估市市电供电电源自动投切情况	核对电源侧不同电压等级的备自投装置配置情况
3	评估非电缆电源线路重合闸情况	检查运行方式和保护定值单（纯电缆线路不扣分）
4	评估图纸资料是否备齐	查看现场供电电路图纸资料

2. 用户自备电源

用户自备电源情况评估指标主要有六项指标，具体见表11-2。

▼ 表11-2　　　　　　　　　　　用户自备电源评估指标表

序号	评估指标	检查方法
1	检查应急电源配置及检修维护情况	查看用户是否按照国家规定配置自备应急电源
2	评估应急电源自投可靠情况	检查备用电源是否自动投入
3	评估发电机的容量及供电负荷情况	检查发电机额定容量，查看图纸，判断重要负荷接入情况
4	评估UPS电源配置情况	检查核心保供电场所中有不间断供电要求的重要负荷（灯光、影响等）UPS配置情况
5	评估用户重要负荷供电是否满足$N-1$	查阅图纸，现场核实负荷的供电情况（重要负荷应包括电梯、消防设施）
6	评估图纸资料是否备齐	查看现场供电电路图纸资料

🔲 设备设施评估

设备设施评估主要查评运行维护单位管辖设备设施与客户（保供电场所）设备设施的健康情况。供电企业管辖设备设施情况主要从以下十四项指标检查评估，见表11-3。

▼ 表11-3　　　　　　　　　供电企业管辖设备设施情况指标检查评估表

序号		检查内容
1	台账	核查图纸、模拟图板与现场是否一致
2		检查试验、定检、维护报告，查看是否按标准要求完成
3	运行及维护	检查设备巡视是否到位
4		检查供电线路电流和主供的变电站主变压器，查看设备是否过载
5		检查设备发热情况
6		检查变电站、开闭所（开关站）保供电设备的专门标识的完备性
7		现场检查保护定值整定与保护定值单是否一致
8		检查消缺记录，并现场核实完成情况

续表

序号		检查内容
9	保护装置	检查保供电线路除保供电对象外的其他用户故障出口保护设置情况，查看非专线保供电对象是否设置用户故障出口保护装置
10	变压器	专变、公变三相电流值进行计算，判断管辖的涉及保供电的专变、公变三相负荷是否均衡
11		当管辖的涉及保供电的专变、公变为油变时，检查油变是否漏油、散热管是否膨胀、本体是否锈蚀、油位是否正常
12		当管辖的涉及保供电的专变、公变为干变时，检查风机及控制系统是否正常
13	线路	检查巡视记录和现场情况，查阅与相关单位和政府对安全隐患的沟通记录，落实供电对象的保供电线路防外力破坏措施
14		检查保供电工作方案或特殊运维工作方案，落实核心保供电场所重点时段的重要保供电线路防外力破坏措施

用户设备设施情况主要从以下十九项指标检查评估见表 11-4。

▼ 表 11-4　　　　　　　　用户设备设施情况指标检查评估表

序号		检查内容
1	台账	核查图纸、模拟图板与现场是否一致
2		检查图纸，查看同回低压出线上同种性质负荷三相分配情况
3		检查试验报告，查看预防性试验完成情况
4		现场检查保护定值或试验报告与设计要求是否一致
5	用户供电线路及用电设备	检查消缺（预试和日常检查等发现的缺陷）记录，并现场核实缺陷整改完成情况
6		检查消防、电梯是否独立低压回路供电
7		检查巡视记录，检查管辖电气设备的巡视情况
8		开关进行传动操作检查，检查操作是否可靠、状态指示是否正常
9		抽取部分低压设备检查线路与用电设备安装是否满足用电安全要求
10		断开一回进线，检查用户进线备自投装置可靠动作情况
11		检查测温记录，查看线路和设备发热情况
12		检查低压绝缘测试记录，考察低压绝缘情况
13		检查五防装置情况，档案是否具备、完善，现场带电显示是否正常

续表

序号		检查内容
14	变压器	最大负荷情况下，读取低压进线总柜电流表数据计算，检查用户变压器三相负荷情况
15		检查油管是否漏油、散热管是否膨胀、本体是否锈蚀，油位是否正常
16		检查用户干变风机及控制系统是否正常
17	电房	每个电房抽查两回大负荷线路，根据电流表读数判断负荷线路是否重过载
18		每个电房抽取两回大负荷或长距离低压线末端用万能表测量，检查低压出线末端电压是否在规定范围内（三相 353~407V，单相 198~235V）
19	自备应急电源	查看用户自备应急电源配置情况、运行情况

三 组织保障评估

组织保障评估主要查评运行维护单位与客户（保供电场所）在重要保供电期间的制度保障、职责落实、信息沟通及人员能力等情况如图 11-1 所示。

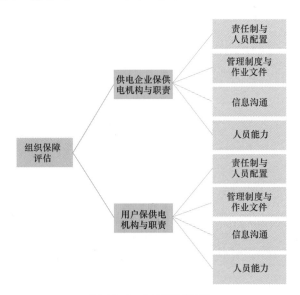

图 11-1 组织保障评估

责任制与人员配置情况评估：检查保供电机构是否建立，工作人员职责是否明确；保供电值班安排是否明确；现场保供电人员对自身的工作职责是否熟悉；与外部人员的工作界面是否清晰。

管理制度与作业文件情况评估：检查保供电运行值守工作要求是否制定；保供电设备巡视检查记录表格是否制定；是否制定保供电设备运行操作细则或要求；保供电工作人员是否熟悉保供电工作要求。

信息沟通情况评估：检查日常信息沟通标准或要求是否建立；保供电人员是否熟悉信息沟通标准或要求；信息沟通标准是否按要求执行。

人员能力情况评估：检查保供电人员在进场前是否进行了安全培训；保供电人员的专业技能是否满足要求；保供电人员是否对保供电的安全风险进行过识别或评估。

（四）　应急准备评估

应急准备评估主要查评运行维护单位与客户（保供电场所）在重要保供电期间的应急组织体系建立、应急预案编制及演练、应急信息管理与应急装备准备等内容如图11-2所示。

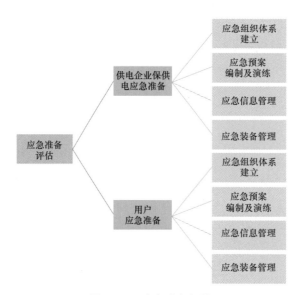

图 11-2　应急准备评估

应急组织体系建立情况评估：检查保供电应急组织体系是否建立以及保供电各级应急机构及人员的职责是否明确。

应急预案编制及演练情况评估：检查应急预案是否编制；人员是否熟悉预案；保供电应急演练是否已经开展。

应急信息管理情况评估：检查信息快速上报机制是否已经建立；人员是否熟悉信息上报程序；人员是否熟悉应急联系电话。

应急装备管理情况评估：查看应急装备准备是否充分，检查应急照明是否正常。

五　物资装备评估

在运行维护单位与客户（保供电场所）在重要保供电期间对物资装备的评估主要有四项指标，具体见表11-5。

▼ 表 11-5　　　　　　　　　　　　物资装备评估指标表

序号	评估指标	检查方法
1	评估工具器及仪器仪表配备情况	现场查看，将现场工器具与现场设备进行核对，检查工具器及仪器仪表是否满足需要、性能是否完好
2	评估备品备件、个人防护用品配备情况	将设备清单与现场设备进行核对，检查是否有针对保供电的备品备件清单，保供电备品备件是否满足需要、是否完好。个人防护用品数量、质量是否满足要求
3	评估临时安全围栏配备情况	现场核查临时标示牌与围栏、遮栏数量、质量是否满足要求
4	评估通信装备配备情况	现场检查保供电通信设备配备情况、设备是否完好，检查专用通信设备的存放与管理，考察抽问现场工作人员专用通信设备的使用情况

六　现场环境评估

对现场环境的评估主要查评环境情况、设施情况。

1. 设施情况评估

设施情况评估主要有两项指标，具体见表11-6。

▼ 表 11-6　　　　　　　　　　　　设施情况评估指标表

序号	评估指标	检查方法
1	评估设备标识情况	现场逐项检查（断路器、隔离开关、低压出线开关、保护连接片、电缆、应急电源）标识，抽查部分高压开关、低压出线开关、二次回路与标识的一致性，评估设备标识是否齐全、是否清晰
2	评估配电室防小动物设施情况	现场检查电缆进出口、开关柜门、人员进出通道，评估配电室及临时电缆防小动物措施完善程度

2. 环境评估

对环境的评估有 5 项指标具体见表11-7。

▼ 表 11-7   环境评估指标表

序号	评估指标	检查方法
1	评估配电室进出通道情况	现场检查配电室通道划线是否完备，通道是否畅通（抢修通道、巡视通道、操作通道、消防通道），没有阻碍的物品、物件
2	评估值班场所情况	现场检查专用值班室设立情况，评估设置点是否合理
3	评估配电室设备运行环境	现场检测配电室设备运行环境情况
4	评估配电室照明与通风情况	现场启动照明、通风设施检查评估配电室照明与通风情况
5	评估安全围栏情况	现场目测检查现场高压带电设备、低压配电箱，评估应设围栏处围栏设置情况，所设置的围栏是否符合要求

第三节 评估工具

一 工具架构

根据相关电网企业编制的《重要保供电场所供电安全风险评估规范（试行）》制作电力客户供电安全标准化评估体系模型。该模型由数据录入板块、场所总体状况及评估得分板块及各类数据细则三大板块构成。数据录入板块内含供电电源、设备设施、组织保障、应急准备、物资装备及现场环境等六大项目数据的录入。场所总体状况及评估得分板块内含 6 大项目得分一览表、场景总得分及场景评估情况等数据集合。各类数据细则内含红、黄、绿三类子项数据筛选，模型架构如图 11-3 所示。

图 11-3 模型架构图

二 工具使用流程

电力客户供电安全标准化评估体系模型使用流程如下：先通过数据录入板块分别

录入供电电源、设备设施、组织保障、应急准备、物资装备及现场环境六大项目子项评分数据。数据录入完毕后，检查数据是否有误。如存在数据错误，则重新更新数据录入；如数据无误，点击数据录入版块右上角"更新数据"按钮，跳转至场所总体状况及评估得分板块，查看 6 大项目得分情况，场景总得分及场所达标情况，判断场所是否达标。如场所评估达到验收标准，则进行数据存档，结束本次评估；如场所评估未达到验收标准，可点击场所总体状况及评估得分右侧红、黄、绿三类子项数据按钮查看对应子项数据情况。各评估对象、运行维护单位根据评估发现问题及时进行整改，对于确实难以立即整改的问题制定有效的临时控制措施并制定整改计划，保供电工作组对发现问题整改情况进行跟踪。整改完成后重新回到数据录入界面更新项目子项数据进行评估即可，具体流程如图 11-4 所示。

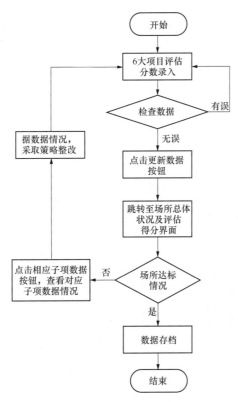

图 11-4 模型流程图

三 工具特点

1.操作简便

电力客户供电安全标准化评估体系模型仅需工作人员输入相应子项目评分分数即

可自动计算子项目评估结果，并统计评估结果，分类输出各分子项目统计一览表、场所总得分、场所达标情况等，简化人为评估、统计操作步骤，提升工作效率。

2. 直观清晰

可通过场所总体状况及评估得分板块浏览场所各分子项目评估情况，直观清晰了解问题所在，此外还可通过右侧红、黄、绿色子项数据按钮，快速定位到相应需要整改的子项目情况。如图 11–5 所示。

序号	项目名称	得分	分子项目统计（项）			
			小计	绿色	黄色	红色
1	供电电源	23.7	10	6	3	1
2	设备设施	29.7045	32	22	4	6
3	组织保障	9.623	27	27	0	0
4	应急准备	9.585	20	20	0	0
5	物资装备	4.7695	22	22	0	0
6	现场环境	9.765	12	12	0	0
合计		87.147	是否核心保供电场		是/否	
综合评定		不达标				

绿色子项数据

黄色子项数据

红色子项数据

图 11–5　场所总体状况及评估得分板块界面

如点击场所总体状况及评估得分板块右侧“红色子项数据”按钮，即可筛选出所有红色子项目情况，便于工作人员采取相应整改措施，对症下药，如图 11–6 所示。

检查项目	权重（%）	检查子项目	应得分	实得分	优秀	良好	一般	不合格	检查方法	检查概况	存在问题	改进建议	评估结果			检查人员
					100%	100%-90%	90%-80%	80%以下					绿	黄	红	
一、供电电源	30	★1.1.1 电网对保供电对象的供电可靠度是否满足要求	25	10	符合对应用户等级的供电方式，并满足不同电源 N-2	满足不同电源 N-1	满足同一电源 N-1	不满足电源 N-1	查阅供电设计方案及审查记录和供用电合同或用电报装记录，检查电网供电的冗余情况（特殊情况下配置应急电源车作为补充措施）						✓	
二、设备设施	35	★2.1.1图纸资料与现场是否一致	4	2	图纸齐全、图物相符、清晰	/	图纸齐全、非关键回路图物不相符	不齐全、关键回路图物不相符	核查图纸、模拟图板与现场是否一致						✓	
		2.1.3设备巡视是否到位	4	2	针对保供电设备进行了特殊巡视，巡视针对性强	针对保供电设备进行了特殊巡视，但巡视针对性不强	按标准要求正常巡视，未针对保供电设备进行特殊巡视	缺少全部或部分巡视记录	检查巡视记录						✓	
		2.1.4缺陷处理是否完成	4	2	已完成	个别一般缺陷未消缺，但已落实措施	个别一般缺陷未消缺，未落实措施	重大缺陷未消缺，未落实措施	检查消缺（预试和日常检查等发现的缺陷）记录，并现场核实						✓	
		2.1.7保护定值整定是否符合要求	4	1	是	/	/	否	现场检查定值与保护定值单是否一致						✓	
		2.1.8非专线保供电对象是否设置用户故障出口保护装置	4	3	已设置	/	/	部分或全部未设置	检查保供电线路除保供电对象外的其他用户故障出口保护设置情况						✓	
		★2.2.5开关传动是否可靠	4	2	可靠	/	/	存在异常情况	对开关进行传动操作检查，检查操作是否可靠、状态指示是否正常						✓	

图 11–6　所有红色子项目筛选（示例）

第12章
应急演练与大负荷测试

第一节　应急预案编制

保供电应急处置是在已有的技术方案上和现有的设备条件下，使现场遇到突发情况时不停电、少停电、快复电。本书讨论的应急处置主要指电气设备故障时的应急处置，不包括消防、恐袭、舆情等应急处置。

一　编制要求

（一）编制原则

应急预案的编制应遵循"专业化、精细化、区域化"的原则，确保分工明确、守土有责。

专业化：局内值守人员应按照其业务专长，值守在对应设备区域。UPS和发电车等应急专业设备，应有厂家技术人员参与。

精细化：每个小组组员分工明确，按照组员职责细化到每项工作内容，由小组组长分派工作内容。

区域化：按照整个场地划分区域，同时综合考虑负荷类型、移动区域等因素。根据管辖区域大小和管理设备数量，合理安排值守人员。

（二）编制方法

可采用5W2H的七问分析法如图12-1所示，制定值守策略，确定值守安排。

What——是什么？目的是什么？做什么工作？

值守前向值守人员宣贯保供电的目的是确保演出用电万无一失。

Why——为什么要值守？

向值守人员介绍保供电工作的意义，统一大家的思想认识。

Who——由谁来值守？

167

图 12-1　5W2H 七问分析法

参与值守的人员有供电局局属人员，施工单位的该项目施工人员，设备厂家人员，UPS 和发电车厂家技术人员等。其中，局属人员作为指挥长和各小组的小组长。

When——何时值守？

因演出需要彩排，演出方每隔一天彩排一次。我们每次彩排安排人员值守，演出当天提前 2h 到达现场值守，演出后 1h 有序撤场。

Where——哪里值守？

值守位置在演出区域和 10kV 外线。指挥长在指挥部值守，各小组在固定区域，按照值守分布图，责任明确，守土有责。

How——怎样值守？

每台设备上应张贴应急处置卡。应急处置卡即是精简的应急预案，每个值守小组只需知道该区域设备的处置预案即可，遇到应急情况可以按照应急处置卡进行汇报和操作。

How many——多少人值守？

按照"专业化、精细化、区域化"原则，进行值守区域划分，合理安排值守人员数量，避免人员走动给演出现场带来影响。

二　应急预案

下面介绍四类典型的设备故障处置方案。

（一）任一箱变故障，有 UPS 供电的情况

1. 系统构成

以低压配电箱 5 为例，其主供电源带 UPS 输出、备供电源带 ATS 备用模式的系统构成即双路箱变供电 +UPS 自带 ATS+UPS+ 负荷前端 ATS，其供电可靠性高，适用于关键负荷供电场景。接线方式如图 12-2 所示。

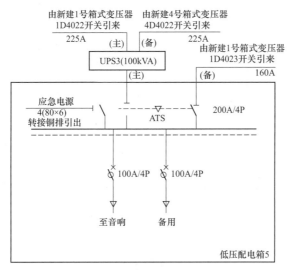

图 12-2　低压配电箱 5 接线图

2. 应急故障处置

现场所有供电设备运行正常，模拟低压配电箱 5 故障后恢复供电。

当 1 号箱式变压器故障，后端 UPS 正常供电，UPS 自带 ATS 开关正常动作，自动切换至 4 号箱式变压器供电，现场供电不间断；

当 1 号箱式变压器故障 ATS 自动切换至 4 号箱式变压器供电时若 UPS 直属 ATS 开关故障，导致 4 号箱式变压器供电断开，此时断开 1 号变压器低压总开关，断开 1 号箱式变压器 1D4022 开关，UPS 正常启动供电进行供电；

当 UPS 发生故障，5 号低压配电箱负荷前端 ATS 开关正常动作，自动切换至 1 号箱式变压器 1D4023 开关供电，现场短暂停电后恢复供电。

（二）任一箱式变压器故障，没有 UPS 供电的情况

1. 系统构成

以低压配电箱 1 为例，主供备供带 ATS 的系统构成即双路箱变供电 + 负荷前端 ATS，其供电可靠性一般，适用于非关键负荷，接线方式如图 12-3 所示。

2. 应急故障处置

现场所有供电设备运行正常，模拟低压配电箱 1 故障后恢复供电。

当 1 号箱式变压器故障，1 号低压配电箱前端 ATS 开关正常动作，自动切换至 4 号箱式变压器供电，现场短暂停电后恢复供电。

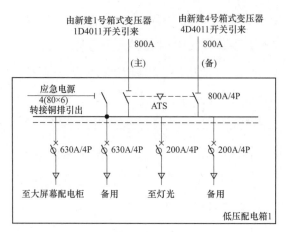

图 12-3　低压配电箱 1 接线图

（三）任一 UPS 故障

1. 系统构成

以低压配电箱 5 为例，如图 12-4 所示。

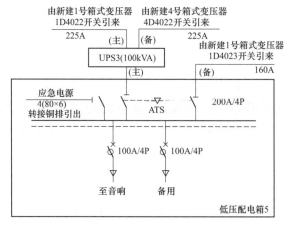

图 12-4　低压配电箱 5 接线图

2. 应急故障处置

现场所有用电设备运行正常，模拟低压配电箱 5 的 UPS 故障后恢复供电。

当 UPS 故障，低压配电箱 5 负荷前端 ATS 开关正常动作，自动切换至 1 号箱式变压器供电源供电，现场短暂停电后恢复供电。

（四）中压电源失压

现场箱变任一上级中压电源失压，断开中压电源失压的箱变低压总开关，发电车正常启动，满足 100% 负荷，现场有 UPS 的负载不间断供电，没有 UPS 的负载短暂停电后恢复供电。

三　三图两表

高—中—低电气接线图：从 500kV–220kV/110kV–10kV–0.4kV，整体电气接线图；可由设计单位辅助绘制该图。

场内值守分布图：根据值守方案，按照地理位置标注设备名称及人员信息。

外线电缆路径图：标识保电区域主备供 10kV 线路的路径地理信息图，标注外力黑点位置及防控情况，人员巡视及值守情况。

以上"三图"使用硬质板，版面应不小于 A1 尺寸。为防止信息泄露，按照保密要求，以上图纸须便于装拆，无须使用时取下图纸，专人看护、严密保存。

内部通讯录见表 12–1：所有负责现场保电的我方人员和外援人员；

外部通讯录见表 12–2：外部单位涉及电力，需要我方与之对接人员。如政府部门

▼ 表 12–1　　　　　　　　　保供电内部通讯录示例表

保供电内部通讯录				
领导小组				
序号	部门	姓名	联系方式	短号
示例	××部（组长）	××	××××××××××	××××
1	……			
保供电技术管控组				
序号	部门	姓名	联系方式	短号
示例	××部（组长）	××	××××××××××	××××
1	……			
保供电小组				
序号	部门	姓名	联系方式	短号
示例	××部（组长）	××	××××××××××	××××
1	……			

▼ 表 12–2　　　　　　　　　保供电外部通讯录示例表

保供电外部通讯录				
序号	保电地点	保供电场所级别	重要用户级别（一级、二级）	用户联系人	联系方式
示例	××	特级	无	××（电工）	××××××××××
1	……				

人员、演出方、主办方、场馆管理方、消防、安保等。

"两表"是为方便工作人员沟通协调，不须保密。

四 应急值守卡

应急处置卡是精简版的供电应急预案，其主要内容包括7项内容：

（1）值守点：应明确应急处置卡所在的值守点位，如××环开值守点。

（2）适用人员：应明确该应急处置卡适用的对象，如供电局值守人员、场馆值守人员等。

（3）启动条件：应明确该应急处置卡在什么条件下可启动。例如，现场总指挥收到深圳中调××站F12××线站内开关跳闸通知。

（4）事件影响：应明确跳闸后该值守点造成的影响。例如，进行高压电源切换，无用户影响。

（5）故障原因：应明确可能的故障原因。

（6）处置程序：应明确启动条件下的处置程序。

（7）注意事项：应急处理程序中需要注意的安全风险。

应急值守卡示例，如图12-5所示。

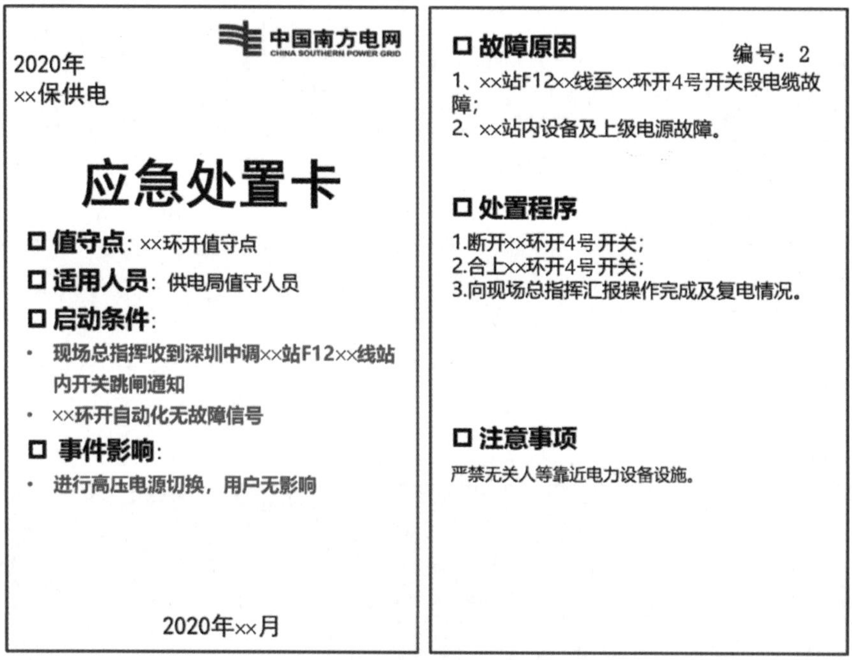

图12-5　应急值守卡示例图

第二节 大负荷测试

大负荷测试是全面掌握保供电场所电气设备的整体可靠程度，检验设备的供电能力与实际用电需求是否匹配，发现存在的缺陷和安全隐患，提高场馆用电安全水平的关键技术环节。本节重点介绍大负荷试验技术的方法、步骤及测试的内容和要求。

一 测试方法和流程

（一）测试准备

在开展保供电场所电力保障大负荷测试前，要提前做好如下准备：

（1）场所电气设备已竣工，高低压设备已按正常方式运行，低压用电负荷已基本确定。

（2）高低压系统图纸、设备资料、元器件参数、重要用电负荷性质等相关资料已准备完毕。

（3）编制详细的试验方案，明确工作人员的职责和分工，确保所有人员都清晰时间安排、操作步骤和工作要求。

（4）与各业务团队约定大负荷测试时间，要求各设备负责人测试期间在场，确保大负荷测试期间所有用电设备投入使用。

（二）测试方法

1.测试对象

大负荷测试需重点监测的设备包括：高压配电室、变压器、低压配电装置、低压电缆、低压配电箱等见表 12-3。

▼ 表 12-3　　　　　　　　　大负荷试验方法和要求表

序号	测试对象	监测参数
1	高压配电室	每路 10kV 供电电源总负荷电流、电压、功率因数，高压电缆、馈电线路的负荷电流、功率因数和设备电气载流部位的温度等
2	变压器	每台变压器的高低压三相负荷电流、低压侧电压、低压 N 线零序电流。线圈的温升、高低压电气连接部位载流导体的温度等

续表

序号	测试对象	监测参数
3	低压配电装置	低压断路器、母线、隔离开关、插接头电气元器件的负荷电流、电压和电气载流器件部位的温度等
4	低压电缆	各回路三相负荷电流、N 线电流和电缆温度等
5	低压配电箱	电气元器件、连接线等承装的三相负荷电流、电压、N 线电流和电气连接部位的温度等

另外，对于重要用电设备和用电负荷或容量较大设备，还需要测试启动电流、正常负荷电流和电压等；对于电能质量敏感的重要负荷，需要测试谐波、瞬时电压波动等数据。

2. 测试标准

大负荷测试监测项目参数的参照标准如下：

（1）电压标准。大负荷试验电压标准，如表 12-4 所示。

▼ 表 12-4　　　　　　　　　　大负荷试验电压标准表

监测点的位置	额定电压	比例参考范围	数值参考范围
10kV 设备	10kV	±7%	9.3~10.7kV
低压母线	380V	0%~7%	380~400V
末级配电箱（用电设备电源处）	380V	±5%	360~399V
末级配电箱（用电设备电源处）	220V	±5%	209~231V

（2）电流值标准。所有记录的负荷电流都应和额定电流进行比较，其中：对于低压 TN 系统且配电变压器接线组别为 △/Y 接线的，总 N 线零序电流不宜大于 50% 相线额定电流（相线 N 线等截面条件下），支路 N 线零序电流不宜大于 20% 相线额定电流；对于低压 TN 系统且配电变压器接线组别为 Y/Y 接线的，N 线零序电流不宜大于 25% 相线额定电流。

（3）温度及温升标准。不同设备（部位）长期运行温度及温升标准，如表 12-5 所示。

▼ 表 12-5　　　　　　　　　　大负荷试验温度及温升标准表

序号	设备／部位	温度及温升标准
1	母线和电气连接部位	不宜大于 70℃（环境温度在 25℃以下）
2	一般电器	不宜大于 40℃
3	低压塑料线导线接头	一般不超过 70℃（接触面特殊处理后数值可酌情提高）
4	控制电缆线芯	不宜大于 65℃
5	低压聚氯乙烯绝缘电缆	不宜超过 70℃

（三）测试流程

保供电场所电力保障大负荷试验步骤主要分为下列几个步骤：

第一步：大负荷测试通知。大负荷测试期间所有停、送电操作前均应通知电视转播设备、信息设备、安保设备等重要设备的现场负责人，避免造成设备损坏。

第二步：正常运行方式运行测试。在大负荷测试开始后将按照正常运行方式将全部用电负荷投入运行；工作人员按照工作要求对全部设备进行测温、测负荷工作并做好记录。

第三步：异常运行方式测试。测试开始规定时间后，各场馆根据实际情况，采用停运一台变压器等异常运行方式运行；在异常运行方式运行期间工作人员应重点监测用电暂停情况、变压器、双路用户、重载用户的负荷、温度变化情况。

第四步：试验结束。大负荷试验结束后，系统恢复正常运行，各业务口人员检查设备是否恢复到正常运行状态；拆除所有临时接入的测量线、谐波测试装置等试验设备。

测试内容和要求

1. 用电负荷测试

开启现场所有负载，测试开关柜的进线隔离刀开关、电源进线断路器、计量、母线联络隔离开关、出线开关、联络开关、分段隔离开关并记录各分支回路电流、电压、箱变总电流，并对各电气连接部位红外成像，测量各点最高温度并在用电负荷测试表做好记录。

（1）将全部用电设备打开，通电 6h，每隔半小时测量负荷电流，并做好记录，分析用电负荷是否存在重过载或三相不平衡情况，根据记录评估用电负荷情况。

（2）测量低压母排电压及频率是否满足电压质量。

（3）在负荷测试时，根据演出需求，切换用电设备，并在切换用电设备时做好负荷测试记录。

用电负荷测试时需对开关柜各类型开关及编号、开关位置、箱式变压器总电流、电压等数据进行记录。用电负荷测试表见表12-6。

▼ 表 12-6   用电负荷测试表

配电房名称：   开关柜编号：××   箱式变压器总电流：

序号	开关类型及编号	开关位置（合闸"√"分闸"×"）	额定电流（A）	测试时间	测量电流（A）				TV 二次测量电压（V）			温度（℃）	备注
					A	B	C	N	U_{AN}	U_{BN}	U_{CN}		
示例	××进线隔离刀开关	√	1250	9:00	417.6	404	416		224.2	223.7	223.9	34.5	
1	……												

2. ATS 切换测试

（1）测试要求。模拟当市电低压主供电源失压，查验低压配电箱 ATS 是否能正常动作，自动切换至备供电源，切换过程中负荷不应有闪断且恢复正常供电。当市电低压主供电源恢复正常时，查验低压配电箱 ATS 是否能不动作，从而有效避免发生二次切换导致间隙停。

（2）示例。例如在进行 1 号低压配电箱测试时。

首先断开 1 号箱式变压器 1D4011 开关，观察 1 号低压配电箱 ATS 开关的正常动作，自动切换至 4 号箱式变压器 4D4011 开关供电。

然后合上 1 号箱式变压器 1D4011 开关，观察 1 号低压配电箱 ATS 开关的不动作，以确保测试正常，如图 12-6 所示。

最后需要记录切换前后低压配电箱的开关位置、额定电流、测试时间以及测量电压等数据。低压配电箱数据记录见表12-7。

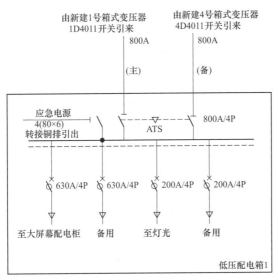

图 12-6 低压配电箱 ATS 切换测试示例图

▼ 表 12-7　　　　　　　　　　　　低压配电箱数据记录表

低压配电箱名称：×× 配电箱　　　　　测试地点：××　　　　　环境温度：37.5℃

序号	开关编号	开关位置（合闸"√"分闸"×"）	额定电流（A）	测试时间	测量电流（A）				测量电压（V）			电缆头接线处温度（℃）	备注
					A	B	C	N	U_{AN}	U_{BN}	U_{CN}		
示例	×× 开关	√	63	18:30	4.5	2.5	2.1		223.1	223.1	223.1	35	
1	……												

3. 发电车切换测试

（1）测试要求。模拟市电中压电源失压，断开 UPS 主供电源，查验 UPS 是否能快速切换至备用电源，在切换过程中，负荷不应有闪断，同时 UPS 正常运行，然后模拟两路电源同时失电后，观察 UPS 能否持续供电，期间负荷不闪断，观察 UPS 放电过程是否达到设计续航时间的要求。最后启动发电车，确保发电车可以正常启动，且满足 100% 负荷，保障供电不间断，测试过程中记录电流、电压、频率等数据并在发电车切换测试表（见表 12-8）中做好记录。

（2）示例。发电车 1 测试。断开 1 号箱式变压器低压总开关，4 号箱式变压器低压总开关，观察发电车 1 是否可以正常启动，且满足 100% 负荷，测试过程中记录电流、电压、频率等数据，并在发电车切换测试表（见表 12-8）中做好记录。

▼ 表 12-8   发电车切换测试表

序号	发电车编号	开关位置（合闸"√"分闸"×"）	额定电流（A）	测试时间	测量电流（A）				TV 二次电压（V）			频率	备注
					A	B	C	N	U_{AN}	U_{BN}	U_{CN}		
示例	××发电车	√	160	9:00	57	58	55		222	222	222	50	
1	……												

4. UPS 测试

根据不间断电源（UPS）的容量估算其在无电源状态下可正常供电时长，记录不间断电源（UPS）的所供电的负荷情况。

将一供一备两路市电全部断开，查看不间断电源（UPS）是否正常工作，测量低压母排电压及频率是否满足电压质量。

第13章
应急值守与智能监测

本章介绍保供电应急值守阶段的管理流程及要求，重点介绍应急值守指挥体系构建、应急处置管理方法等内容。

第一节　差异化巡视

一　人员配置

特级场所应安排专职人员现场值班，特级场所每值不应少于4人，A级场所每值不应少于3人，B级场所每值不应少于2人，C级场所应安排人员不间断巡视，巡视至少由两人进行。

一级场所及设备应安排人员不间断巡视，巡视至少由两人进行。

二级场所及设备应安排人员巡视，建议采用分片负责的方式。

场馆供电保障经理可根据设备量对值守人员进行调整，但不应低于上述标准。

二　巡视标准

1. 工作要求

（1）巡视人员应配备必备的工器具、通信工具和劳动防护用品。

（2）巡视人员必须按要求巡视线路，并做好记录。

（3）高压配电装置的倒闸操作在开赛前2h操作完毕，赛事进行时原则上不进行高压设备的倒闸操作。

（4）低压进线总开关、联络开关各主回路开关应在开赛前1h操作完毕，赛事进行时原则上不进行倒闸操作。

2. 设备运行状况监测及统计报送

（1）巡视内容按照配电房日常运行值班管理制度执行。

（2）设备运行中出现的事故、障碍、缺陷、异常实施"零报送"制度。

（3）现场运行人员每次巡视完毕将前一次报送时间至本次报送时间内的设备运行状况上供电值班经理。

（4）供电值班经理收到上报情况后，每小时将汇总情况报送供电保障经理。

3. 临时接入负荷情况检查

（1）现场运行人员巡视过程中应核对临时接入负荷是否经过批准。

（2）现场运行人员发现临时接入负荷未经批准或未按照批准的方式接入的，应及时交涉，要求其补办手续并立即改正，并在汇报运行情况时报告供电值班经理。

（3）对临时负荷未经允许接入一级设备供电线路的，应立即报告供电值班经理，必要时应立即终止其接入用电。

4. 缺陷及隐患处理原则

（1）紧急缺陷是指对人身安全、系统安全运行存在严重威胁，不及时处理可能造成障碍或事故的设备缺陷。重大缺陷是指对设备运行影响较大，但能短期坚持安全运行，不及时处理可能发展成为紧急缺陷。一般缺陷是指对设备正常运行虽有影响，但尚能坚持安全运行的设备缺陷。

（2）设备缺陷及隐患的定性及处理方案由场馆运行团队负责。现场运行人员发现设备缺陷或隐患后，应第一时间上报供电值班经理，现场初步判断可能危及设备正常运行的还应立即报告供电保障经理，并及时采取应急措施，尽快降低设备运行风险。重大、紧急缺陷及隐患，现场运行人员应在发现及处理后第一时间上报供电保障副经理。重大及以上缺陷，供电保障副经理应在缺陷发现及处理后两小时内上报供电保障经理。影响涉场所正常供电的设备的检修工作，必须经供电保障经理批准。缺陷消除前，运行单位应安排人员加强监视，必要时实时监视，严防缺陷恶化；缺陷消除后，应进行消缺后跟踪检查，确保缺陷有效消除。因条件所限，未能及时消缺的设备，运行单位应积极考虑控制措施，如倒换运行方式、负荷转移等，降低设备运行风险，相关部门应给予支持和配合。设备缺陷、隐患的相关记录要求执行原有相关规定。

（3）重大、紧急缺陷应立即组织处理，及时消缺。一般缺陷应采取有效的手段加强监视，避免缺陷扩大。因特殊原因确实不能在赛前消除的重大及以上缺陷，运行团队应采取技术措施，降低缺陷级别，必要时调整运行方式，降低负面影响程度。同时，应加强监视及带电监测，做好防控、应急预案，严防设备事故的发生。可能造成用电设备停电的消缺工作，应尽量选择影响程度较少的时段内进行。

5. 带电测试

配电设备试验项目及要求见表 13-1。

▼ 表 13-1　　　　　　　　　　配电设备试验项目及要求表

序号	配电设备	试验检验项目	试验内容及要求	说明
1	10kV 配电变压器	红外测试，带电测试	无明显发热	结合巡视开展
2	10kV 开关柜	红外测试，带电测试	无明显发热	结合巡视开展
3	10kV 柱上开关	红外测试，带电测试	无明显发热	结合巡视开展
4	10kV 电缆	电缆头红外测试，带电测试	无明显发热	结合巡视开展
5	10kV 避雷器	红外测试，带电测试	无明显发热	结合巡视开展

三　巡视频率

特级场所及设备活动进行期间应对设备进行不间断巡视，每隔 30min 记录一次设备运行数据。

一级场所及设备巡视周期不应超过 15min，每隔 30min 记录一次设备运行数据。二级设备及场巡视周期不应超过 1h，每次巡视应记录设备运行数据。设备故障跳闸后，不论是否重合成功或者自投成功，应立即组织对设备进行巡视。

场所供电值班经理根据可根据实际情况对巡视周期进行调整，但不应低于上述标准。活动举办时阶段每班值守人员工作时长不宜超过 6h，否则应采用轮班制。

第二节　现场值守

一　电网侧

不同等级的电网侧现场值守由配电专业的工作人员进行值守。

1. 特级场所

（1）核心及重要保障时段，对特级场所、相关转供电联络点开展驻守，安排专人 24 小时现场值守；

（2）一般保障时段，安排专人 24 小时电话值班并按需开展现场值守。

2. 一级场所

对一级场所安排专人 24 小时电话值班并按需开展现场值守。

3. 其他场所

对其他场所安排专人 24 小时电话值班。

二 用户侧

不同等级的用户侧现场值守由用电检查专业的工作人员进行值守。

1. 特级保供电场所

（1）针对特级保供电场所成立专项工作组；

（2）核心及重要保障时段，用电安全服务采用 24 小时现场值守方式，现场值守工作采取现场提供技术支持的服务方式，用电安全服务人员在客户内部配合运行人员开展现场值守保障，对重要客户内部的电气设备定时进行巡视检查；

（3）一般保障时段，用电安全服务采用非现场值守方式，提供 24 小时电话技术服务支持。

2. 一级保供电场所

（1）针对一级保供电场所成立专项工作组；

（2）用电安全服务采用非现场值守方式，提供 24 小时电话技术服务支持。

3. 其他保供电场所

针对其他保供电场所的用电安全服务采用非现场值守方式，提供 24 小时电话技术服务支持。

第三节　信息报送

一 运行情况报送

1. 生产设备

各生产单位要按时向生产设备安全工作组汇报保供电生产设备运行情况。同时，严格执行重大活动保供电生产设备安全信息"零报告"制度，确保信息的及时传递和沟通。

2. 网络安全

各有关部门要详细掌握负责范围内各项系统的网络安全运行情况，并按要求及时将情况报送网络安全及运行保障工作组。创新及科技信息部要及时收集汇总相关信息，并按要求及时报送上级网络安全保障工作组。

3. 应急关键信息

各有关部门、直属各有关单位要高度重视保供电阶段应急关键信息的报送工作。信息联络员应充分利用应急信息微信群、企信云等信息共享工具及时流转突发事件信息，确保对外出口的应急关键信息高度统一。

4. 工作总结

各专项工作组按责任分工，要及时掌握保供电工作进展情况，并在保供电结束后将工作总结报送至保供电领导小组办公室。总结报告应包括工作过程中的问题、经验教训以及改进措施等内容，以供今后工作参考。

二　隐患情况报送

一旦发现影响保供电设备安全的重大隐患，各相关单位应及时协调处理，并立即汇报，并按相关要求提供书面报告。确保问题能够得到及时解决，避免对保供电工作造成不利影响。

三　事故情况报送

对于保供电期间发生的突发事故和事件，各单位要第一时间将情况报送至保供电指挥部联系人。确保信息的快速传递，以便及时采取应急措施，防止事态恶化。相关部门要在 3h 内进行口头汇报，并在规定时间内提交书面报告。

第四节　智能台区监测

一　可智能监控的新型负荷开关

可智能监控的新型旁路负荷开关（如图 13-1 所示）上预留（电压、电流、计次）数据传输接口，通过 Modbus RS232 协议将监测数据传输至信号传输模块，再经由网络传输至 PC 端及手持终端。可智能监控的新型旁路负荷开关自带以下功能：

（1）电流显示；

（2）电压显示；

（3）低气压显示；

（4）计次显示；

（5）错相闭锁保护；

（6）核相功能。

根据设计方案，研制了可实时监测旁路系统电流、电压、温度、使用频率的旁路负荷开关样品如图 13-2 所示。

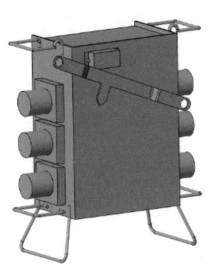

图 13-1　可智能监控的新型旁路负荷开关　　图 13-2　可智能监控的新型旁路负荷开关样品图

● 物联网台区检测装置

1. 设备简介

该装置可以直接安装至低压开关下端的分支导线上，可以采集导线电流及温度，实现失压报警信号的发射。

通过开口式罗氏线圈替换传统型闭口 TA，大大提高了测量精度，并且便于现场带电安装。沿着导线纵向排布的设计结构，缩小了设备尺寸，以适用于各种狭小的低压设备环境。该装置自备电源，无须从外部取电，安装便捷。

2. 应用场景

在 2019 年央视春晚深圳分会场保供电工作中，南方电网公司保供电的历史上，率先实现了大规模 24 小时实时在线的低压负荷监测，监测该场晚会所有的线路，避免以往大批量人员多次反复赶往现场却测不准负荷情况的发生，节省了大量的人力资源。

监测线路状态，大大提升可靠性。通过监测 2019 年央视春晚深圳分会场，电流和温度并自动形成负荷曲线图，数据直观清晰；而且当线路失压时能及时报警，通知运维人员及时处理，大大提高了供电可靠性。

根据用电设备进行用电负荷分析。后期通过分析负荷曲线，发现不同的用电负荷的负荷曲线规律，为今后的智能保供电积累了宝贵经验。其中，分析出了一个重要的用电规律，即 LED 大屏幕零相负荷电流接近相线电流，为日后的保供电电气设计提供实践参考。

3. 未来应用

对重要场所保供电的用电负荷进行信息收集。针对重要的场所（如市委大院、新洲大楼）和每年常规性的重要保供电任务（高交会、两会、高考）的重要负荷进行实时监测。对我们需要保障的重要用户的重要负荷进行全面的了解，包括用电特性，制定用户用电画像，为确定保电方案提供数据支持。

三 智能配电房

技术路线。遵循南方电网公司统一的技术架构，网关采集数据统一接入全域物联网平台，试点阶段试点区域允许不同产品形态、功能的网关和传感器共存，即"智能配电网关 / 三相能源网关 + 全域物联网平台"技术路线如图 13-3 所示。

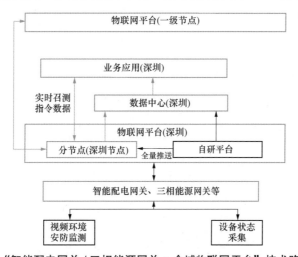

图 13-3 "智能配电网关 / 三相能源网关 + 全域物联网平台"技术路线结构图

　　智能配电房建设配置标准。基于配网关键业务需求，以实用性、有效性为原则，综合考虑设备重要程度、安装必要性、技术可行性、现场实际应用情况、运维辅助有效性、性价比等因素，建议现阶段感知层终端配置标准分为典型配置和高级配置。

　　同样，在 2019 年央视春晚深圳分会场保供电工作中，在新增箱变区域，安装了智能配电房配置中的综合环境监控装置和安防监控装置。能够在远程监控现场温湿度。同时，通过安防视频系统，实现远程值守。

第 14 章
重要场馆电气设计

第一节　供配电系统

在重要场馆的供配电系统进行设计时，要综合考虑负荷的级别、电源情况、接线方式等方面的内容，以体育场馆为例，介绍重要场馆电气设计技术。

一　负荷分类

根据《体育建筑电气设计规范》（JGJ 354—2014），体育建筑负荷分级应按照表14-1分类。

▼ 表 14-1　　　　　　　　　　不同类型 UPS 方案经济技术比对分析表

体育建筑等级	一级负荷中特别重要的负荷	一级负荷	二级负荷	三级负荷
特级	A	B	C	D+ 其他
甲级	—	A	B	C+D+ 其他
乙级	—	—	A+B	C+D+ 其他
丙级	—	—	A+B	C+D+ 其他
其他	—	—	—	所有负荷

其中，A 包括主席台、贵宾室及其接待室、新闻发布厅等照明负荷，应急照明负荷，计时记分、现场影像采集及回放、升旗控制等系统及其机房用电负荷，网络机房、固定通信机房、扩声及广播机房等用电负荷，电台和电视转播设备，消防和安防用电设备等；B 包括临时民疗站、兴奋剂检查室、血样收集室等用电设备，VIP 办公室、奖牌储存室、运动员及裁判员用房、包厢、观众席等照明负荷，建筑设备管理系统、售检票系统等用电负荷，生活水泵、污水泵等设备；C 包括普通办公用房、广场照明等

用电负荷；D 包括普通库房、景观等用电负荷。

另外，特级体育建筑中比赛厅（场）的 TV 应急照明负荷应为一级负荷中特别重要的负荷，其他场地照明负荷应为一级负荷；甲级体育建筑中的场地照明负荷应为一级负荷；乙级、丙级体育建筑中的场地照明负荷应为二级负荷。对于直接影响比赛的空调系统、泳池水处理系统、冰场制冰系统等用电负荷，特级体育建筑的应为一级负荷，甲级体育建筑的应为二级负荷。除特殊要求外，特级和甲级体育建筑中的广告用电负荷等级不应高于二级。临时用电设备的负荷等级应根据使用要求确定。当体育建筑中有非体育功能用房时，其用电负荷等级应按国家现行有关标准执行。

◼ 二 电源设计

甲级及以上等级的体育建筑应由双重电源供电，乙级、丙级体育建筑宜由两回线路电源供电，其他等级的体育建筑可采用单回线路电源。特级、甲级体育建筑的电源线路宜由不同路由当小型体育场馆用电设备总容量在 100kW 及以下时，可采用 220/380V 电源供电；特大型、大型体育场馆应采用 10kV 或以上电压等级的电源供电。当体育建筑群进行整体供配电系统设计时，应根据当地电源供电条件，并进行技术经济比较后可采用 10kV 以上电压等级的电源供电。

特级体育建筑电源应采用专用线路供电。甲级体育建筑电源、宜采用专用线路供电，当有困难时，应在重大比赛期间采用专用线路供电。应急电源和备用电源应根据体育建筑中负荷允许中断供电时间进行选择，并应符合下列规定：要求连续供电的用电设备，应选用不间断电源装置（UPS）；允许中断供电时间仅为毫秒级的负荷，应选用不间断电源装置（UPS）或应急电源装置（EPS），且 EPS 不得用于非照明负荷；当允许中断供电时间较短的负荷，且允许中断供电时间大于电源转换时间时，可选用带有自动投入装置的、独立于正常电源的专用馈电回路；当允许中断供电时间为 15s 及以上时，可选用快速自动启动的柴油发电机组；当柴油发电机组启动时间不能满足负荷对中断供电时间的要求时，可增设 UPS 或 EPS 等电源装置与柴油发电机组相配合，且与自启动的柴油发电机组配合使用的 UPS 或 EPS 的供电时间不应少于 10min。

容量较大的临时性负荷应采用临时电源供电，并应在设计时为临时电源供电预留电源接入条件及设备空间或场地。

三 供配电系统设计

综合运动会主体育场不应将开幕式、闭幕式或极少使用的大容量临时负荷纳入永久供配电系统。特级和甲级体育建筑的供配电系统应具有临时电源接入的条件。特级、甲级体育建筑以及体育建筑群的高压供配电系统应采用放射式供配电系统，高压供配电系统不宜多于两级规模较小且位置分散的乙级及以下等级的体育建筑群，可采用环式或树干式供配电系统。根据不同赛事的要求，体育建筑的供配电系统应具备改造的条件。

第二节 配变电站

一 变压器选择

体育工艺负荷以及通信、扩声及广播、电视转播等负荷，不宜与冷冻机等大容量动力负荷共用变压器。对于经常有文艺演出的体育场馆，演出类负荷宜与体育工艺负荷共用一组变压器。

仅在比赛期间使用的大型用电设备、较大容量的冷冻站等，宜单独设置变压器。

室内配变电站应选择干式、气体绝缘或非可燃性液体绝缘的变压器；户外预装式变电站可选择油浸变压器。当电源电压偏差不能满足要求时，宜采用有载调压变压器。

变压器低压侧电压为 0.4kV 时，单台变压器容量不宜大于 2000kVA，且不应大于 2500kVA。预装式变电站变压器单台容量不宜大于 800kVA。

二 主接线及电器选择

特级和甲级体育建筑中配变电站的高压和低压系统主接线均应采用单母线分段接线形式；乙级及以下等级的宜采用单母线或单母线分段接线形式。体育建筑可根据需要分别设置低压应急母线段和备用母线段。

当由总配变电站以放射式向分配变电站供电时，分配变电站的电源进线开关宜采用能带负荷操作的开关电器，当有继电保护要求时，应采用断路器。

应急母线段和备用母线段应由正常供电电源和应急或备用电源供电，正常供电电源与应急或备用电源之间应采用防止并列运行的措施。当采用自动转换开关电器（ATSE）时，宜选择PC级、三位置、四极、专用的电器，PC级的ATSE应符合现行国家标准《低压开关设备和控制设备 第6-1部分：多功能电器 转换开关电器》（GB/T 14048.11—2016）的相关规定。

三 配变电站形式和布置

配变电站的形式应根据体育建筑或体育建筑群的分布、周围环境条件、用电负荷的密度、运营管理等因素综合确定，并应符合下列规定：体育建筑群可设置独立式配变电站，也可附设于单体建筑中；特大型、大中型体育场馆宜设室内配变电站；小型体育建筑应根据具体情况设置室内配变电站或预装式变电站；室外运动场可采用户外预装式变电站，且其进线和出线宜采用电缆。乙级及以上等级的体育建筑和体育建筑群应在总配变电站单独设置值班室。采用配电自动化系统的体育建筑或体育建筑群，分配变电站可不单独设值班室，但应将分配变电站的电气系统运行状况、各种报警信号、相关电能质量等信息实时、准确传送到总配变电站。

有大截面电缆且电缆数量较多，或经常有临时性负荷的配变电站，宜设电缆夹层，且电缆夹层净高不宜低于1.9m，不宜高于3.2m。

第三节 配电线路布线系统

一 导管布线和电缆布线

体育建筑应根据工艺要求预留引到场地内电源井、弱电信号井的电缆路径和管道，电缆总截面积（包括外护层）不应超过导管内截面积的40%。埋地敷设于室外穿金属导管的线路，应采用管壁厚度不小于2.0mm的金属导管。

电缆在室内、电缆沟、电缆隧道和电气竖井内明敷时，不应采用易延燃的外护层。

马道上的电力电缆应采用电缆槽盒敷设，电缆槽盒内电缆的总截面（包括外护层）不应超过电缆线槽内截面的30%。

配电线路布线系统设计时，应兼顾临时线路、系统改造时电缆布线的灵活性，当没有明确要求时，宜放宽电缆托盘、电缆梯架、电缆沟的尺寸。

⬛ 电气竖井布线

体育建筑的电气竖井不应邻近烟道、热力管道及其他散热量大或潮湿的设施。乙级及以上等级体育建筑的强电、弱电竖井宜分开设置。

体育建筑电气竖井内的布线可采用电缆沿电缆槽盒、电缆梯架布线方式，也可采用封闭式母线布线方式。

对于钢结构的体育建筑，其竖井内垂直布线应避免钢结构变形对干线的影响。

第四节 设备管理系统

⬤ 建筑设备监控系统

体育建筑的建筑设备监控系统应对体育建筑中的机电设备进行监测和控制。

体育建筑专用机电设备宜采用自成体系的专用监控系统，实现机电设备的监测和控制，并宜通过通信接口纳入建筑设备监控系统。

体育建筑专用机电设备的监控系统宜根据设备的情况选择配置下列功能：游泳池水处理系统的循环水泵及反冲洗水泵启停控制、运行状态显示、故障报警；阀门组与水泵的联锁及顺序控制，水池温度、pH 值、余氯、氧化还原电位（RP）值、浊度值、臭氧浓度等监测与控制；体育场草坪加热设备的启停控制、运行状态显示、故障报警、温度监测及控制；体育场草坪喷洒设备的启停控制、运行状态显示、故障报警、土壤湿度监测及控制；室内冰场的制冰系统启停控制、运行状态显示、故障报警、顺序控制、机组群控制、冰面温度监测及控制。

对于甲级和特级体育建筑，建筑设备监控系统宜具有下列功能：室内比赛大厅及观众席的温度、湿度、空气质量监测，体育馆比赛场地的风速监测；贵宾区、运动员区、官员区、媒体区的温度、湿度、空气质量监测。

体育建筑群的建筑设备监控系统宜通过通信网络构建统一的管理平台，并应能集中显示、记录和存储各类信息。

㈡ 火灾自动报警系统

体育建筑室内高大空间场所可选用火焰探测器、红外光束感烟探测器、图像型火灾探测器、吸气式感烟探测器或其组合；特级体育建筑和甲级特大型体育建筑的比赛大厅应采用两种及以上不同类型的火灾探测器。

体育建筑群应设消防控制中心，各单体建筑宜设单独的消防控制室。消防控制中心可兼作单体建筑的消防控制室。

体育建筑群火灾自动报警系统宜构建统一的管理平台，并应能集中显示、记录和存储各类信息。

㈢ 安全技术防范系统

体育建筑安全技术防范系统应根据体育建筑内不同人员区域设置不同的功能分区，并应与人防、物防相配合。

甲级和特级体育建筑除应设置安防监控中心外，还应在高处设置可观察到观众座席区的安保观察室，并应在安保观察室设置或预留公共安全系统终端工作站。

乙级及以上等级体育建筑应在安防监控中心预留与当地公共安全管理系统的通信接口。

特级和甲级体育建筑的安全技术防范系统宜与售检票系统联网。

体育建筑群安全技术防范系统的各子系统宜通过通信网络构建统一的信息管理平台，并应能集中显示、记录和存储各类信息。

㈣ 信息设施系统

体育建筑的信息设施系统应根据建筑的使用功能及分布特点，采用相应的网络拓扑结构。特级和甲级体育建筑竞赛专用数据网络系统宜与其他网络信息设施系统分开设置。

除有特殊要求外，特级和甲级体育建筑应在文字记者席、评论员席、媒体工作区等的每个工作行至少设置一组信息终端点。

特级和甲级体育建筑应在观众休息区和公共区域设置公用电话和无障碍专用的公共电话。

特级和甲级体育建筑的无线网络应符合下列规定：安保区应设置无线局域网；新

闻媒体区、新闻发布厅及新闻中心、文字媒体看台,贵宾看台、赞助商包厢内、医疗等场所,室内体育场馆竞赛区的比赛场地和热身场地,以及餐饮、商业、电信等商业用房应预留无线网络接口。

特级和甲级体育建筑有线电视系统前端宜预留电视转播系统的信号接口。

体育建筑的新闻发布厅应配置厅堂扩声系统,并应预留电视转播系统的音频接口。

五 专用设施系统

1. 信息显示及控制系统

体育建筑信息显示系统宜由显示、驱动、信号传输、计算机控制、输入输出及存储等单元组成。

体育建筑信息显示装置的类型,应根据建筑举办体育赛事的级别和使用功能要求确定。信息显示屏应符合下列规定:特级、甲级体育建筑应设置比赛信息显示屏和视频显示屏;乙级体育建筑应设置比赛信息显示屏,并宜设置视频显示屏;比赛信息显示屏可为单色、双基色或彩色显示屏;视频显示屏应具有动画、文字显示、视频图像的功能,且应为彩色显示屏;比赛信息显示屏的文字最小高度、字符行数和每行的字符数等应符合国家现行有关标准的规定。

体育建筑的信息显示屏的性能参数应符合国家现行有关标准的规定。

体育建筑的信息显示及控制系统应具有连接计时记分及现场成绩处理系统、有线电视系统、电视转播系统、现场影像采集及回放系统、场地扩声系统等的接口。

体育建筑的显示屏宜根据场馆的类别、性质和规模等采取单端布置、两端布置、分散布置、集中布置或环形布置等方式。

体育场馆内显示屏设置应满足95%以上固定座位观众的最大视距要求,特级和甲级体育建筑宜在不利于观看显示屏的固定座位区域增设小型显示屏。

体育建筑的显示屏控制室宜设置于能够直接观察到主显示屏的区域内。

2. 场地扩声系统

体育建筑的比赛场地、观众席应设置独立的语言兼音乐扩声系统,并应符合下列规定:特级、甲级体育建筑场地扩声系统应符合一级扩声指标的要求;乙级、丙级体育建筑的场地扩声系统不应低于二级扩声指标的要求;其他体育建筑的场地扩声系统不应低于三级扩声指标的要求;体育建筑的观众席扩声特性指标应与比赛场地的扩声特性指标同级或高一级。

体育建筑扬声器的布置方式应满足扩声功能的要求，并可根据体育建筑的具体情况，采用集中式、分散式或混合式进行布置。

特级、甲级体育建筑应设置主调音台和备用调音台，乙级体育建筑应设置主调音台。主扩声系统调音台宜预留流动扩声系统的音频信号接口。

体育建筑场地扩声系统的功率放大器应根据需要进行配置，特级和甲级体育建筑同一供声范围的不同分路扬声器不应接至同一功率放大器。检录处、贵宾席、比赛场地四周和跑道起点、终点等处宜设置音频接口。

体育建筑的场地扩声系统应设置音频接口。发生火灾或其他紧急突发事件时，消防控制室和公安应急处理中心应具有强制切换扩声系统广播的功能。

3.现场影像采集及回放系统

体育建筑的现场影像采集及回放系统在比赛和训练期间，应能为裁判员、运动员和教练员提供即点即播的比赛录像或与其相关的视频信息。

体育建筑的视频采集服务器应符合下列规定应与体育建筑的信息网络系统连接；应具备多路视频信号采集功能；应具备连续保存视频数据的存储空间。

体育建筑现场采集摄像机的数量及位置应满足体育比赛的要求。

体育建筑现场影像采集及回放系统应具有与信息显示及控制系统、有线电视系统、电视转播和现场评论系统的连接接口。

第五节　临时负荷接入

临时性用电负荷应按照负荷性质及负荷等级，遵循尽量利用现有供配电设施、就近取电的原则，合理安排供电方式。当现有设施无法满足要求时，可酌情考虑使用临时柴油发电机为其直接提供电力保障。

一　接入要求

临时供电负荷接入要求包括：

（1）场所供配电系统的安全性、稳定性及可靠性不应因接入临时性用电负荷而有所降低。

（2）场所供配电系统不应因接入临时性用电负荷而做出较大的调整。

（3）场所系统与临时接入系统的保护配合应合理、齐备，不得存在越级跳闸的事故隐患。

（4）互为备用的系统后备容量不应被占用，如必须部分占用时，应制定妥善的应急预案予以解决，包括：手动或自动甩负荷、启用备用柴油发电机等。

（5）应严格进行负荷等级划分，普通负荷不得接入应急母线段，亦不得接入重要负荷的专用配电回路。

（6）对于临时供电方案中的重大疑难问题，场所供电保障团队可提交上级部门组织专家协助解决。

二 负荷等级及供电要求

临时性用电负荷的负荷等级及供电要求见表 14-2。

▼ 表 14-2 　　　　　　　　　 临时性用电负荷的负荷等级及供电要求明细表

序号	负荷类别	用电名称	负荷等级			供电回路	供电要求		参考图	备注
			特级	甲 A	甲 B		市电	发电		
1	场所转播综合区	普通用电	一级	二级	二级	1	（转播部门提供要求）			
		技术用电	特级	一级	一级	2				
2	安检点	照明、安检设备、验证设备、插座等	特级	一级	一级	2	√	√	CKT-E-001~4	
3	交通调度指挥室	照明、指挥设备、插座等	特级	一级	一级	2	√	√	CKT-E-006	
4	户外临时用电点	照明、插座	三级	三级	三级	1	√		CKT-E-005	
5	物流综合区	照明、空调、插座等	三级	三级	三级	1	√		CKT-E-007	
6	篷房、板房	照明、插座	三级	三级	三级	1	√		CKT-E-007	

续表

序号	负荷类别	用电名称	负荷等级			供电回路	供电要求		参考图	备注
			特级	甲A	甲B		市电	发电		
7	文化活动表演区	演出灯光等	三级	三级	三级	1	√		CKT-E-007	
8	赞助商展示区	照明、空调、插座、展示设备等	三级	三级	三级	1	√		CKT-E-007	
9	餐饮综合区	照明、空调、设备、插座等	三级	三级	三级	1	√		CKT-E-007	
10	其他新增负荷									负荷等级及供电可按类比确定

注　表中"市电"也可采用临时电源，凡不允许短时停电的设备应自带 UPS。

临时配电箱参考图（CKT-E-001~007）如图 14-1 和图 14-2 所示。

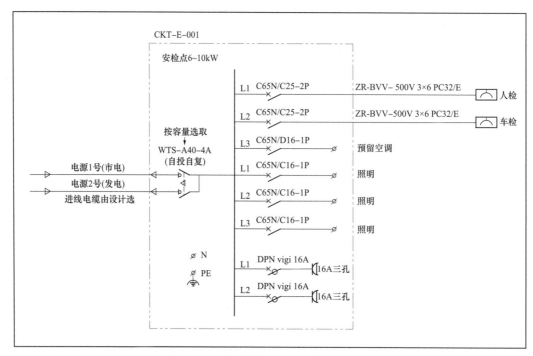

图 14-1　配电箱参考图（001~004）（一）

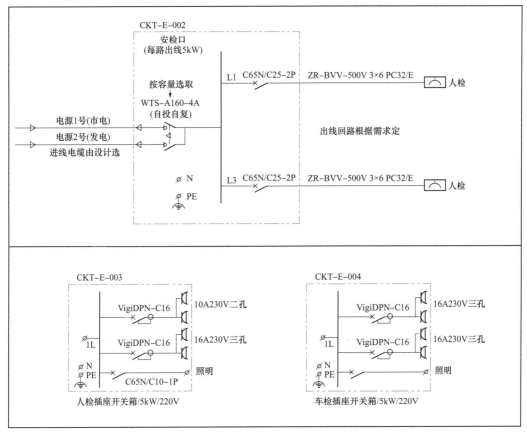

图 14-1　配电箱参考图（001~004）（二）

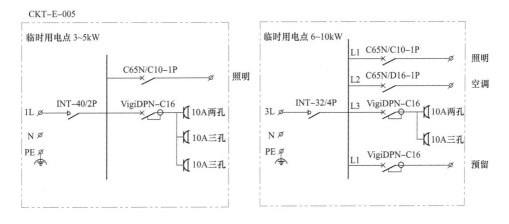

图 14-2　配电箱参考图（005~007）（一）

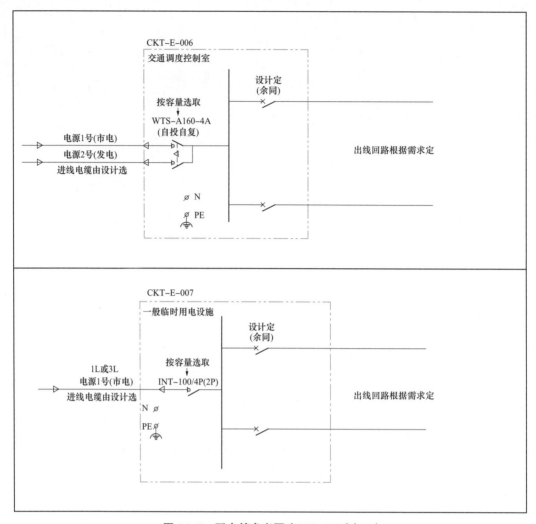

图 14-2　配电箱参考图（005~007）（二）

　　例图仅作一般性参考使用，例图中各种电气参数可结合现场实际需要进行调整；当负荷等级出现变化时，配电箱可酌情调整系统配置。

参考文献

［1］ 中国南方电网有限责任公司 . 保供电手册［M］. 北京：中国电力出版社，2014.

［2］ 刘屏周 . 工业与民用供配电手册［M］. 4 版 . 北京：中国电力出版社，2016.

［3］ 汤涌，印永华 . 电力系统多尺度仿真与试验技术［M］. 北京：中国电力出版社，2013.

［4］ 王厚余 . 低压电器装置的设计安装和检验［M］. 3 版 . 北京：中国电力出版社，2012.

［5］ 张宝会，尹项根 . 电力系统继电保护［M］. 2 版 . 北京：中国电力出版社，2010.

［6］ 李光琦 . 电力系统暂态分析［M］. 2 版 . 北京：中国电力出版社，2007.

［7］ 国网北京市电力公司 . 大型活动供电保障技术［M］. 北京：中国电力出版社，2022.

［8］ 蒋斌 . 电网企业服务创新与实践：国网山东电力春节保供电之路［M］. 北京：中国电力出版社，2019.

［9］ 徐永海，洪泉，等 . 一种敏感设备电压暂降耐受特性测试与数据处理方法［P］. 北京：CN108919003B，2020.

［10］陶顺，唐松浩，等 . 变频调速器电压暂降耐受特性试验及量化方法研究：机理分析与试验方法［J］. 北京：电工技术学报，2019.

［11］王斌 . 以 CO 为冷剂的人工冰场制冷系统应用研究［D］. 哈尔滨工业大学，2018.

［12］倪泉军 . 人工冰场制冷监控系统设计［D］. 大连理工大学，2013.

［13］肖成东 . 供电电源包含谐波情况下异步电机损耗特性研究［D］. 华北电力大学，2015.

［14］杨玺，叶伟玲，等 . 谐波影响下的三相感应电机效率研究［J］. 上海：微特电机，2020.

［15］Luo G，Zhang D. Study on performance of developed and industrial HFCTsensors［C］// Universities Power Engineering Conference（AUPEC），2010 20thAustralasian. IEEE，2010.

［16］舒乃秋，胡芳 . 超声传感技术在电气设备故障诊断中的应用［J］. 传感器技术，2003.